Susanne Hoischen-Taubner

111 Dinge über Hühner, die man wissen muss

emons:

Bibliografische Information der Deutschen Nationalbibliothek
Die Deutsche Nationalbibliothek verzeichnet diese Publikation
in der Deutschen Nationalbibliografie; detaillierte bibliografische
Daten sind im Internet über http://dnb.d-nb.de abrufbar.

© Emons Verlag GmbH
Alle Rechte vorbehalten
© der Fotografien: siehe Seite 238
© Covermotiv: shutterstock.com/MIA Studio; Foto Stellanova
Gestaltung: Eva Kraskes, nach einem
Konzept von Lübbeke | Naumann | Thoben
Druck und Bindung: CPI – Clausen & Bosse, Leck
Printed in Germany 2023
ISBN 978-3-7408-1977-4

Unser Newsletter informiert Sie
regelmäßig über Neues von emons:
Kostenlos bestellen unter
www.emons-verlag.de

Vorwort

Hühner sind, meist unauffällig und oft übersehen, ein Teil unseres Lebens und unserer Geschichte. Der Kontakt zum Geflügel findet überwiegend über den Teller statt. Weltweit steigt der Konsum von Geflügelfleisch und Eiern. In den letzten Jahren haben Hühner aber auch einen enormen Aufschwung als Haus- und Nutztiere in der Hobbyhaltung erfahren. Es ist ein spannungsreiches Verhältnis zwischen uns und dem geliebten und schützenswerten Haustier sowie der ausgebeuteten Kreatur, die uns Nahrungsmittel und einiges darüber hinaus liefert. Möglicherweise sind wir es diesem Vogel schuldig, dass wir uns etwas näher mit seinen faszinierenden Fähigkeiten und Bedürfnissen beschäftigen.

Hühner, die kaum fliegen können, haben gemeinsam mit den Menschen die Welt erobert und besiedelt. Weltweit haben frühe Hochkulturen Hühner für ihre Wachsamkeit und Kampfbereitschaft, ihren Weckruf zum Tagesbeginn, ihre Mütterlichkeit und ihre Eier als Quelle des Lebens geschätzt und oft verehrt. Hühner haben sich an unterschiedlichste, von Menschen und anderen Rahmenbedingungen geprägte Lebensumwelten angepasst. So entstand eine Vielzahl von Rassen mit verschiedenen Eigenschaften, die sich in ihren Grundbedürfnissen und vielen Verhaltensweisen jedoch kaum von den wilden Vorfahren im asiatischen Dschungel unterscheiden.

Es gibt viele spannende Geschichten über dieses Haus- und Nutztier zu entdecken, welches uns Menschen seit Tausenden von Jahren begleitet und auch unsere Entwicklung geprägt hat und bis heute prägt. Mir war es eine große Freude, zu so unterschiedlichen Themen zu recherchieren. Ich habe viel dazugelernt und hoffe, dass ich ein wenig von der Faszination für Hühner weitergeben kann. Ich würde mir wünschen, dass sich eine neue Wertschätzung dieser Tiere in einem anderen Konsumverhalten oder veränderten Umgang mit ihnen ausdrückt und so die Welt für einige Hühner etwas besser wird.

111 Dinge

1 Evolutionsgeschichte

Heute gibt es Dinosaurier-Eier!

In ihrer Jugend, wenn das Federkleid noch nicht voll entwickelt ist, sehen Küken noch gar nicht wie Hühner aus. Wenn sie in Gruppen über die Wiese laufen und ein anderes Küken verfolgen, das vielleicht einen Wurm gefunden hat, erinnern sie in Aussehen und Bewegung an Szenen aus »Jurassic Park«. Das mag daran liegen, dass ihr Verhalten als Vorbild für die Animation gedient hat. Aber es gibt auch einen realen Hintergrund.

Die Vorfahren der Vögel lassen sich viele Millionen Jahre zurückverfolgen. Fossilien aus der Jura- und Kreidezeit tragen spezifische Merkmale heutiger Vögel wie luftgefüllte Knochen, Magensteine zur Unterstützung der Verdauung und Federn. Als Vorfahren der Vögel gelten die Theropoden. Das ist jene Gruppe von Dinosauriern, die sich auf zwei Beinen fortbewegt haben und die zum größten Teil Fleischfresser waren. Die berühmtesten Vertreter sind wohl der Tyrannosaurus Rex und seit »Jurassic Park« der Velociraptor. Parallel zum Tyrannosaurus haben sich über verschiedene Vorstufen die Maniraptoren (im Bild: *Sinornithosaurus millenii*) entwickelt, die über besonders geformte Knochen im Handgelenk verfügten, eine Voraussetzung zur Entwicklung der Flugfähigkeit. Maniraptoren waren eher kleine Tiere. Wegen der im Vergleich zum Körper großen Gehirne nimmt man an, dass sie sehr intelligent waren. Bei Fossilien der Nachfahren der Maniraptoren konnten Forscher Federstrukturen unterschiedlicher Art sowie Veränderungen im Aufbau der Eierschale und sogar des Ei-Inneren erkennen, sodass diese Linie der Vorfahren heutiger Hühner als gesichert gilt. Man beachte: Es gab das Ei schon vor dem Huhn.

Hühner sind, wie alle Vögel, Überlebende der großen Katastrophe am Ende der Kreidezeit, die zum Aussterben der meisten Dinosaurier geführt hat. Wissenschaftler sind sich weitgehend einig, dass Vögel nicht nur von den Dinosauriern abstammen, sondern nach wie vor zu den Theropoden und damit Dinosauriern zu zählen sind.

Auf Youtube findet man im Kanal von @Dinosauer von Dr. Bene zahlreiche informative Videos rund um die Zucht und Aufzucht von Rassegeflügel.

2 Hühner und Menschen
Vom Glücksbringer und Krafttier zum Lebensmittel

Seit wann Hühner zu den Nutztieren der Menschen zählen, ist nur schwer festzustellen. Genetische Analysen von Wild- und Hausgeflügel haben jüngst ergeben, dass sich die Haushühner genetisch vor rund 6.000 bis 12.000 Jahren von ihren wild lebenden Vorfahren trennten. Klimatische Veränderungen und der aufkommende Reisanbau könnten dazu geführt haben, dass wilde Hühner den Kontakt zu Menschen und ihren Reisvorräten gesucht haben. Von Südostasien aus wurden die Hühner über Handelsrouten nach China und über Indien und Mesopotamien nach Afrika und Europa gebracht.

In Europa waren Hühner vor rund 3.000 Jahren angekommen. Im antiken Griechenland waren bereits Hahnenkämpfe beliebt. In Italien, im Donauraum, am Oberrhein und in Südengland wurden Hühnerknochen aus dem Jahrtausend vor Beginn unserer Zeitrechnung gefunden. Dabei standen die exotischen Vögel zunächst offenbar keinesfalls auf dem Speiseplan. Die ältesten Funde stammen von oft vollständigen Skeletten älterer Tiere ohne Spuren von Schlacht- oder Esswerkzeugen. Teils wurden die Vögel einzeln bestattet. Auch Funde in gemeinsamen Gräbern mit Menschen deuten eher auf eine spirituelle Bedeutung. Hähne wurden in Gräbern von Männern gefunden, Hennen wurden zusammen mit Frauen bestattet. In einem englischen Grab wurden die Knochen einer ausgewachsenen Henne mit einem gut verheilten Knochenbruch entdeckt. Ein Hinweis auf menschliche Pflege.

Hühnerfleisch als Lebensmittel steht zumindest in Nordeuropa im Zusammenhang mit den Eroberungen der Römer, die nicht nur Hahnenkämpfe, sondern auch Eier und Geflügelfleisch schätzten. Julius Cäsar notierte im fünften Buch des »Gallischen Kriegs« (54 vor Christus) über die Kelten Englands: »Hase, Huhn oder Gans gelten als unerlaubte Speisen, doch hält man diese Tiere zu Lust und Vergnügen.« Letzteres wird als Hinweis auf Hahnenkämpfe in England oder eine rituelle Bedeutung interpretiert.

Entgegen früheren Annahmen haben genetische Analysen ergeben, dass nicht nur das Rote Kammhuhn *(Gallus gallus)*, sondern auch weitere Unterarten wie das graue Sonnerathuhn *(Gallus sonneratii)* zur Entstehung des Haushuhns beigetragen haben und die Domestikation an verschiedenen Orten stattgefunden hat.

3 Hahnenkampf

Attraktiver als Ei und Fleisch: Action und Wetten

Hähne sind gegenüber Konkurrenten aggressiv und versuchen ihr Revier und ihre Hennen zu verteidigen. Kämpfende Hähne haben die Menschen offenbar seit den frühesten Begegnungen fasziniert. Hinweise finden sich bereits auf 4.000 Jahre alten Tonscherben und Figuren aus Pakistan. Eine besondere Gen-Ausprägung bei Kampf-hühnern auf den Philippinen, aus Indien und Japan gibt Anlass zu der Vermutung, dass der Hahnenkampf einen größeren Einfluss auf die frühe Verbreitung von Hühnern hatte als das Interesse an Eiern und Fleisch.

Bei Hahnenkämpfen werden zwei Hähne gemeinsam in eine begrenzte Arena gesetzt, wo sie einander attackieren. Zur Tradition des Hahnenkampfs gehört, dass die Hähne mit künstlichen Sporen in Form spezieller Dornen oder Messerklingen ausgestattet werden, sodass die Kämpfe normalerweise für mindestens einen der Hähne tödlich enden.

Von den Phöniziern, den Ägyptern, Persern und Griechen ist die Bewunderung des Hahnenkampfes – auch zur Motivation ihrer Krieger – bekannt. Plinius der Ältere (23–79 nach Christus) verglich die Begeisterung der Griechen für den Hahnenkampf mit der Begeisterung der Römer für die Kämpfe der Gladiatoren.

Die Wurzeln des Hahnenkampfes sind eng mit spirituellen Riten wie der Verehrung der Geister der Vorfahren verbunden. Heute dienen sie der Unterhaltung und sind Anlass für Glücksspiel und Wetten. In vielen Ländern sind Hahnenkämpfe aus Tierschutzgründen verboten. In Thailand sind seit 2014 Kämpfe bis zum Tod illegal, die Sieger werden nach Punkten ermittelt. Das Wetten auf den Ausgang des Kampfes ist allerdings verboten. In den USA ist der Hahnenkampf erst seit 2022 in allen Bundesstaaten verboten. In Europa gibt es in Regionen in Spanien und Frankreich mit entsprechender Tradition Ausnahmen vom allgemeinen Verbot von Hahnenkämpfen. Parallelen zum Umgang mit der Tradition des Stierkampfes drängen sich auf.

Manchmal stirbt nicht nur der Hahn beim Kampf: 2021 wurde in Indien der Besitzer eines Kampfhahnes durch einen künstlichen Sporn so verletzt, dass er verblutete.

4 Domestikation

Der Mensch lenkt die Evolution der Haustiere

Von den vier Unterarten der Kammhühner (die miteinander keine fortpflanzungsfähigen Nachkommen haben können) gilt das Rote Kammhuhn als Hauptvorfahr der Haushühner. Andere Arten haben sich später mit Haushühnern gepaart und ihren Anteil zum Genpool beigetragen (wie beispielsweise die gelbe Beinfarbe). Rote Kammhühner, die in Forschungseinrichtungen und Zoos gehalten werden, sind sehr schreckhaft. Wie konnte es sein, dass diese scheuen Tiere domestiziert wurden? Der Schlüssel dazu liegt in verminderter Furcht vor Menschen, einer Eigenschaft, die von Eltern an ihre Nachkommen vererbt wird.

Domestikation bedeutet, dass die Kriterien der Evolution durch den Menschen beeinflusst werden. Tiere, die mit ihren Eigenschaften den Wünschen und den Lebensumständen der Menschen entsprechen, haben eine größere Überlebenschance und eine größere Anzahl an Nachkommen. Solche Eigenschaften können in einer heterogenen Wildpopulation zufällig vorhanden sein oder durch Mutationen entstehen. Genetische Analysen haben bestätigt, dass Haushühner aus 36 Populationen von Island bis China eine Mutation tragen, die über die Rezeptoren für das Thyroid Stimulierende Hormon (TSHR) mit verminderter Furcht vor Menschen, weniger Aggression gegenüber Artgenossen, früher sexueller Reife und der nicht ausschließlich saisonalen Vermehrung im Zusammenhang steht. Nur unter menschlicher Obhut sind dies vorteilhafte Eigenschaften. Ab dem späten Mittelalter, als Menschen mit Tieren in Städten enger zusammenlebten und mehr Geflügelfleisch und Eier konsumierten, war diese Veränderung im Genom besonders vorteilhaft, und der Anteil von Hühnern mit diesen Eigenschaften stieg stark an. Forscher bringen die größere Nachfrage nach Geflügel mit den Fastenregeln des sich ausbreitenden Christentums in Verbindung. Geflügelfleisch und Eier waren nämlich von den Verzehrverboten ausgenommen.

Noch heute werden in der Wildnis gefangene Tiere mit Haushühnern gekreuzt, und Haushühner entkommen in die Wildnis. Durch solche Einträge von Genen domestizierter Hühner zurück in die Wildpopulation gilt der Genpool des echten, wild lebenden Roten Kammhuhns als bedroht.

5 Antike Geflügelindustrie
Feingefühl und ein warmes Klima machten es möglich

Im alten Ägypten schätzte man Hühner sehr früh als Lebensmittel. Die Grundlage dafür war die Entwicklung der Kunstbrut, mit der man nicht mehr auf Hennen angewiesen war, die jeweils maximal zwölf Eier bebrüten konnten und in dieser Zeit und während der Aufzucht der Küken keine Eier legten. Aristoteles (384–322 vor Christus) erwähnte bereits die Kunstbrut in Ägypten, kannte aber keine Details.

Um 1750 konnte der französische Naturforscher René Antoine Ferchault de Réaumur die ägyptischen Brutöfen besuchen und für die Gelehrten Europas beschreiben. Er hielt ihre Entwicklung für eine größere Leistung als den Bau der Pyramiden. In Gebäuden aus Lehmziegeln mit zweigeschossigen Kammern wurden in der oberen Kammer Feuer unterhalten und in der unteren Eier platziert. Das Wissen um den Betrieb der Brutöfen wurde innerhalb weniger Familien von Generation zu Generation weitergegeben. Die Betreiber der Brutöfen regulierten Feuer und Luftzufuhr (ohne Thermometer – nach ihrem Hautgefühl) und wendeten die Eier regelmäßig. Ein Arbeitsaufwand, der nicht zu unterschätzen ist, geht man doch von einer Kapazität von bis zu 80.000 Eiern aus! Per Gesetz waren sie verpflichtet, für jeweils drei Eier zwei Küken zurückzugeben. Alle Küken darüber hinaus waren ihr Lohn. Jeder Geflügelzüchter weiß, dass selbst mit heutigen computergesteuerten Brutmaschinen längst nicht aus allen Eiern Küken schlupfen. Kommerzielle Brütereien erreichen heute bei uns Schlupfraten von rund 85 Prozent.

Wenn schon die quasi agrarindustrielle Form der Geflügelerzeugung im alten Ägypten erstaunlich ist, so überrascht es noch mehr, dass die alten Brutöfen, geringfügig modernisiert, nach wie vor in Betrieb sind. 2008 hat eine von der Welternährungsorganisation (FAO) durchgeführte Studie in 84 traditionellen Brütereien in Ägypten Daten erhoben. Während dieser Studie schlüpften dort wöchentlich rund 700.000 Hühner- und Entenküken.

Ähnlich den Brutöfen in Ägypten wurden auch in China bereits vor unserer Zeitrechnung Eier künstlich bebrütet. Unter europäischen Klimabedingungen war eine zuverlässige Kontrolle der Bruttemperatur mit den vergleichbar einfachen Mitteln nicht erfolgreich.

6 _ Opfertier
Gabe für die Götter und Schutz vor Dämonen

In Zeiten, als Krankheiten, Unglücksfälle und Wetterereignisse noch durch Dämonen und Götter erklärt wurden, waren Hähne und Hennen wertgeschätzte Opfertiere. Besonders schwarze Hähne und Hennen waren geeignet, um Dämonen zu besänftigen. Sie wurden geopfert, um Kranke zu heilen oder um Schwangere und Wöchnerinnen zu schützen.

Neu erbaute Häuser, also vormals unbewohnte Plätze, wurden als Aufenthaltsorte von Dämonen angesehen. Um sie zu besänftigen oder zu vertreiben, wurden Hühner geopfert, vor dem Bezug des Hauses dort für eine Nacht einquartiert oder im Fundament eingemauert, wie manche Funde in alten Gemäuern wie der Kirche des Klosters zu Banja in Bosnien bestätigen. Dort wurde unter der Türschwelle das Skelett eines Huhns gefunden.

In Bayern und Österreich gehörte noch Anfang des 20. Jahrhunderts ein Huhn zum Festessen anlässlich der Kindstaufe. Bei Hochzeitsritualen hatten Hühner die Funktion, das Brautpaar vor dem schlechten Einfluss böser Geister zu schützen. Als Symbol für Fruchtbarkeit wurde in manchen Gegenden eine Henne vor dem Brautzug hergetragen. Hennen und Hähne waren in vielen Regionen traditionelle Brautgeschenke. Das »Hahn holen« ist heute noch ein Brauch im Emsland und im Münsterland. Anstelle eines lebenden Hahns, der bei einem gemeinsamen Spaziergang des Brautpaares mit den Gästen betrunken gemacht und durch die Braut geschlachtet und zubereitet wurde, wird heute ein Holzhahn aufgestellt. Das Bräutelhuhn war im Mittelalter das Huhn, das am Morgen nach der Hochzeit vom Brautpaar verzehrt wurde. In der Gegend um Oldenburg wurde das Bettlaken des Brautpaares mit Hähnen bestickt. In Westfalen war es üblich, den Brautwagen mit einem Hahn zu schmücken oder unter das Bett des Brautpaares einen Korb mit einem Hahn zu stellen – keine besonders romantische Vorstellung für die Hochzeitsnacht. Gut, dass unsere gefiederten Freunde das nicht wussten!

Im Jahr 2004 wurde die DNA des Huhns (in diesem Fall eines Roten Kammhuhns) vollständig sequenziert. Damit waren Hühner die ersten Vögel und auch die ersten Nutztiere, deren Genom vollständig bekannt war. Die Daten sind öffentlich zugänglich: www.ncbi.nlm.nih.gov/grc/chicken.

7 Der Hahn als Symboltier
Von der Hölle bis zum Sonnengott

Der Hahn ist ein Symbol für Mut, Angriffslust und Männlichkeit. Nicht umsonst ist das englische Wort für den Hahn, *cock*, in der englischsprachigen Welt eine Bezeichnung für den Penis. Sein Fortpflanzungstrieb hat dem Hahn die zweifelhafte Rolle als beliebtes Opfertier bei entsprechenden Riten eingebracht. Heutzutage ist das Abbild eines Hahnes häufig noch im Zusammenhang mit dem Erntedank anzutreffen, wo er ebenfalls die Fruchtbarkeit symbolisiert. Der Hahn ist das zehnte der zwölf chinesischen Tierkreiszeichen. Er wird mit Stolz und Protz assoziiert, aber auch mit einem großen Sicherheitsbedürfnis.

Der »rote Hahn« ist ein Symbol für Feuer – hat man den roten Hahn auf dem Dach, brennt die Hütte. Wird davon gesprochen oder gesungen, einen solchen auf das Dach zu setzen, kommt das einem Aufruf zur Brandstiftung gleich. Im Mittelalter wurde ein schwarzer Hahn als Verkörperung des Teufels angesehen. In einem gewissen thematischen Zusammenhang damit steht der (allerdings rotbraune) Hahn Fjalar, der in der nordischen Mythologie zusammen mit dem Höllenhund Garm den Eingang zur Unterwelt Hel bewacht und zur Götterdämmerung mit seinem Krähen die Toten erweckt.

Besonders hat jedoch der frühmorgendliche Hahnenschrei zur Symbolbildung beigetragen: In verschiedenen Kulturen steht der Hahn für die Sonne, den Neubeginn (des Tages) und Wachsamkeit. Er wird auch als Wächter an einer Grenze interpretiert. In der Tiefenpsychologie ist es die Grenze zwischen Unbewusstem und Bewusstem, an der ein Hahn, der im Traum erscheint, darauf hinweisen kann, sich wichtige Dinge bewusst zu machen und sie ans Licht zu bringen.

Vor mehr als 3.000 Jahren waren Hähne in Persien heilig und galten als königliches Symbol. Persische Könige trugen einen Kopfschmuck, der an einen Hahnenkamm erinnert. Daraus könnte sich das uns so geläufige königliche Symbol der gezackten Krone entwickelt haben.

Als Wetterhahn hat es der Hahn auf viele Kirchtürme geschafft. Die symbolische Interpretation sieht ihn als Künder des Morgens und des Lichtes mit Parallelen zu Christus, der den Tod besiegt hat und ewiges Leben verspricht. Aber auch als den Mahner, der sich wie die Meinung von Petrus, der aus Angst Jesus verraten hat, mit dem Wind ändert, als Symbol für Wachsamkeit.

8 _ Die Henne als Symboltier
Fruchtbarkeit, Glück und goldene Eier

Die symbolische Bedeutung der Henne ist meist positiv. Sie steht in enger Verbindung mit dem Ei, welches ein Symbol für das werdende Leben und den Neubeginn ist. Hennen zeigen eine große Ausdauer beim Brüten: Für 21 Tage verlassen sie kaum ihr Nest und sind so ein Zeichen für Beharrlichkeit. Sind die Küken geschlüpft, ist die Glucke das Urbild einer fürsorglichen und beschützenden Mutter. Hennen kämpfen, um ihre Küken zu beschützen, und stehen damit für Mut, Stärke und Entschlossenheit. Sie werden als Glücksbringer angesehen. In der Fabel von Jean de La Fontaine kann eine Henne goldene Eier legen und verschafft ihrem Besitzer so Reichtum. Als der jedoch das Huhn schlachtet, um sofort an das vermeintliche Gold im Bauch des Huhnes zu gelangen, findet er keines und bekommt fortan keine goldenen Eier mehr. »Der Habgierige verliert alles, wenn er alles gewinnen will«, ist ein französisches Sprichwort.

Eigenschaften der Hühner spielen auch eine Rolle in der Traumdeutung, wo sie im Allgemeinen als ein Zeichen für Fruchtbarkeit, Wohlstand und den Besitz materieller Dinge, mit denen viel Freude verbunden ist, gelten. Erscheint allerdings ein schwarzes Huhn im Traum, kann das ein schlechtes Zeichen sein: Das schwarze Huhn wird in mystischen Ritualen oft mit Bösem in Verbindung gebracht, es kann auf unangenehme Zeiten in der Zukunft hinweisen. Ein weißes Huhn im Traum wird dagegen als gutes Zeichen und Hinweis auf positive Veränderungen gedeutet.

Eine Henne findet sich auch in zahlreichen historischen Wappen. Dort hat sie allerdings in der Regel keine symbolische Bedeutung, sondern repräsentiert einen ähnlich klingenden Namen, wie beispielsweise in Finsterhennen, Hennhofen oder Henndorf, oder auch die Zugehörigkeit zur mittelalterlichen Grafschaft Henneberg im Henneberger Land – wie in den Stadtwappen von Suhl und Meiningen oder dem Landkreis Schmalkalden.

In Hünstetten in Hessen, etwa 13 Kilometer entfernt von Hahnstätten, steht die Hühner-
kirche an der Kreuzung der Hühnerstraße (B 417) mit der Landesstraße von Limbach nach
Wallbach. Am Ort der ehemaligen Kirche steht seit dem 17. Jahrhundert ein Gasthaus.
Die »hühnerhaltigen« Namen der Gegend werden von den hier gefundenen Hünengräbern
(Hügelgräber der Hallstattzeit) abgeleitet.

9__ Der gallische Hahn

Vom Wortspiel zum Nationalsymbol

Der gallische Hahn ist eines der Symbole für Frankreich – auch wenn er kein offizielles Nationalsymbol ist. Der kämpferische und selbstbewusste Hahn wird im Zusammenhang mit sportlichen Wettkämpfen als Emblem genutzt und ziert seit 1909 die Trikots der Équipe Tricolore sowie des französischen Rugbyteams. Die Verbindung von Siegeswillen und Nationalsymbol nutzt auch der französische Sporthersteller »Le coq sportif«.

Auf politischer Ebene hat der Hahn seit der Zeit der Französischen Revolution als Symbol der Wachsamkeit an Beliebtheit gewonnen. Napoleon I. hielt ihn als Sinnbild des französischen Imperiums allerdings für zu schwach. Ab 1830 wurde er dann aber auf den Uniformknöpfen der Nationalgarde abgebildet und zierte die Fahnenstangen. Seine Hochphase als politisches Symbol hatte er in der Dritten Französischen Republik (1871–1940), als er auf Siegel und Goldmünzen geprägt wurde. Das Ende des 19. Jahrhunderts hergestellte schmiedeeiserne Portal des Gartens des Élysée-Palastes ziert ein angriffslustiger goldener Hahn mit ausgebreiteten Flügeln.

Aber es ist nicht irgendein Hahn, sondern der gallische. Diese Zuordnung geht zurück auf Paul Émile und Jean Lemaire de Belges, die in der Zeit der Renaissance den Begriff prägten, weil sie irrtümlich annahmen, dass der Hahn das Emblem des unabhängigen Galliens vor der römischen Eroberung war und damit das älteste französische Emblem sei. In Wirklichkeit geht der Ausdruck zurück auf ein Wortspiel römischer Dichter, weil sich die lateinischen Bezeichnungen für *gallus*, der Hahn, und *gallus*, der Gallier, glichen. Für die Römer waren Hähne mit ihren Eigenschaften wie Tapferkeit, sexuelle Stärke und Wachsamkeit Attribute der Götter Jupiter, Mars, Apollon und Merkur. Sueton oder Julius Cäsar griffen dieses Wortspiel auf und schufen eine schmeichelhafte Assoziation der Gallier mit dem Tier.

Die Hähne der französischen Rasse Gauloise Dorée gelten als das Urbild des gallischen
Hahns und die älteste französische Hühnerrasse. Nach dem Zweiten Weltkrieg wäre diese
sehr ursprüngliche Rasse fast ausgestorben und wird heute in Frankreich von wenigen
Liebhabern erhalten. Die Gauloises Dorées gelten als sehr robust und immer etwas wild.

10 Der wallonische Hahn
Symbol des Widerstands und der Nähe zu Frankreich

Belgien wurde seit seiner Gründung 1830 durch den Konflikt zwischen niederländisch sprechenden Flamen und französischsprachigen Wallonen geprägt. In der fortwährenden Auseinandersetzung um die verschiedenen Identitäten innerhalb des Landes liegt vermutlich die Ursache für die Vehemenz, mit der die Wallonen um ihre Flagge gerungen und sich für den stolz schreitenden Hahn als Symboltier entschieden haben.

Die Geschichte des Hahns ist eng mit der wallonischen Bewegung verknüpft. 1912 wurde die Assemblée wallonne als eine Art inoffizielles Parlament gegründet. Die Versammlung diskutierte über verschiedene Symbole, die als Emblem in Frage kommen könnten: der Lütticher Perron als Symbol der kommunalen Freiheit und des Widerstands, ein Stern als Symbol der fernen Hoffnung, der jedoch wegen Assoziationen mit dem Kongo ausschied. Die Lerche, das christliche Symbol für Tugend und Nächstenliebe, entsprach nicht dem Bild, das die Wallonen vermitteln wollten. Der Stier überzeugte nicht, weil ihn neben seiner Kraft auch die Arbeit im Joch vor dem Pflug kennzeichnet. Das Wildschwein erinnerte zwar an Stärke und Wälder, aber auch an Wut und Verfolgung. Das Eichhörnchen entsprach mit seiner Lebhaftigkeit anscheinend dem wallonischen Temperament und Individualismus, die Scheu stand jedoch im Gegensatz zur Geselligkeit der Wallonier. So wurde der Hahn gewählt, auch weil die Nähe zum gallischen Hahn gefiel. Als Unterscheidung zum krähenden französischen Hahn wird der wallonische Hahn mit geschlossenem Schnabel, schreitend und verwegen dargestellt. Dies wird als Symbol seines Widerstands gegen die flämische Bewegung gedeutet. Der von dem Künstler Pierre Paulus entworfene Hahn wurde am 3. Juli 1913 von einer Kommission der Versammlung angenommen. 1975 wurde er zum Emblem der französischen Gemeinschaft und 1998 per Dekret im belgischen Staatsanzeiger offiziell als Flagge der Wallonie festgelegt.

Eine alte Hühnerrasse aus der Wallonie ist das Ardenner Huhn, das in Belgien auch Wallikiki (wallonisches Huhn) genannt wird. Wie so viele Rassen hat die alte Landrasse an Bedeutung verloren. In Belgien sind die Großrasse und eine verzwergte Form in zwölf Farbschlägen anerkannt.

11__ Chianti Classico

Was der schwarze Hahn damit zu tun hat

Weinliebhabern ist der italienische Chianti Classico aus der Toskana ein Begriff. Das Logo des Chianti zeigt einen schwarzen Hahn (*Gallo Nero*). Der schwarze Hahn auf goldenem Grund zierte im Mittelalter das Wappen der Lega del Chianti, ein Verwaltungs- und Militärbündnis, das im 14. Jahrhundert auf Initiative der Stadtrepublik Florenz gegründet wurde.

Um die Bedeutung des schwarzen Hahns für die Region in der Toskana rankt sich eine Legende: Im frühen Mittelalter kämpften im Streit um den Grenzverlauf Truppen aus Florenz und Siena gegeneinander. Nach langen Jahren der kriegerischen Auseinandersetzung sollte der Streit anders gelöst werden. Die Republiken Florenz und Siena verabredeten einen Wettbewerb, um den Grenzverlauf festzulegen. An einem bestimmten Tag sollte aus jeder der beiden Städte beim ersten Hahnenschrei am Morgen jeweils ein Ritter in Richtung der anderen, knapp 80 Kilometer entfernten Stadt aufbrechen. Wo sich die beiden treffen würden, sollte die Grenze verlaufen.

Auf beiden Seiten wurde der Tag vorbereitet, Ritter und schnelle Pferde ausgewählt. Auch der Hahn, der schließlich das Startsignal geben würde, wurde vorherbestimmt. In Siena wählte man einen weißen Hahn. Er wurde bestens gepflegt, komfortabel untergebracht und gut gefüttert. Die Florentiner setzten auf einen schwarzen Hahn. Allerdings steckten sie ihn in einen kleinen Käfig und fütterten ihn nur knapp. Am entscheidenden Tag begann der hungrige schwarze Hahn bereits vor dem Morgengrauen zu krähen und der Reiter machte sich auf den Weg nach Siena. Der fette weiße Hahn in Siena erwachte erst mit Sonnenaufgang und schickte den Reiter aus Siena viel später auf den Weg. So trafen sich die beiden Reiter in der Gegend des Castello di Fonterutoli, etwa 50 Kilometer südlich von Florenz und nur rund 16 Kilometern vor den Stadtmauern von Siena. Der frühe Ruf des schwarzen Hahnes bescherte der Republik Florenz so einen großen Teil der umstrittenen Region.

Hühner wurden im alten Rom für Weissagungen verwendet. Eine Methode bestand darin, einen Kreis in 20 Segmente zu unterteilen, die den Buchstaben des etruskischen Alphabets entsprachen. Körner wurden im Kreis gleichmäßig verteilt und ein Huhn oder Hahn in die Mitte gesetzt. Die Reihenfolge, in der Körner aus den Segmenten gepickt wurden, ergab die Antwort.

12 Galo de Barcelos
Von einem lebensrettenden Brathähnchen

Das allseits bekannte portugiesische Symbol eines farbenprächtigen Hahns mit auffällig großem roten Kamm geht auf eine Legende zurück. Im Mittelalter waren die Einwohner der Stadt Barcelos im Norden Portugals durch eine Serie nicht aufgeklärter Verbrechen verängstigt. Ein zufällig auf dem Weg nach Santiago de Compostela durchreisender Pilger übernachtete in einer einfachen Herberge und wurde von einem der Einwohner als Verdächtiger für die Verbrechen angezeigt. Er wurde festgenommen und trotz aller Unschuldsbeteuerungen zum Tode verurteilt.

Als letzten Wunsch bat der Pilger darum, mit dem Richter sprechen zu dürfen. Dies wurde ihm gewährt, obwohl der Richter gerade mit Freunden zu Tisch saß. Der Pilger beteuerte seine Unschuld und flehte um Gnade, doch niemand glaubte ihm. Verzweifelt wies er auf den gebratenen Hahn, der für das Festmahl auf dem Tisch stand, und rief: »So sicher, wie ich unschuldig bin, wird dieser Hahn krähen, wenn ich gehängt werde.« Alle Anwesenden lachten, und der arme Mann wurde abgeführt und zum Galgen gebracht. Als die Schlinge um seinen Hals gelegt wurde, regte sich zum Entsetzen der Tischgäste des Richters der Hahn, stand auf und krähte.

Der Richter erkannte seinen Fehler und eilte zur Richtstätte, um den Pilger zu retten. Glücklicherweise war die Schlinge nicht richtig geknotet und hatte sich nicht zugezogen, sodass der Pilger gerettet wurde und seinen Weg fortsetzen konnte.

Nach einigen Jahren kehrte er zurück nach Barcelos und errichtete ein Steinkreuz zu Ehren des heiligen Jakob und der Jungfrau Maria, um für seine unerwartete Rettung zu danken. Das Kreuz wird auch als das Kreuz des Herrn des Hahns bezeichnet und befindet sich heute im Archäologischen Museum von Barcelos.

Der Barcelos-Hahn gilt als Glückssymbol und steht dafür, dass das Leben lebenswert ist, selbst wenn man mit den schwierigsten Herausforderungen konfrontiert ist.

Eine ähnliche Legende gibt es im spanischen Santo Domingo de la Calzeda. Ein
unschuldig gehängter Pilger wurde durch den heiligen Domingo gerettet, indem dieser
ihn am Galgen stützte. Zwei Brathühner, die auf der Tafel des Richters zum Leben
erwachten, bestätigten seine Unschuld. Seitdem leben Nachfahren besagter Hühner in
der Pilgerherberge. Abwechselnd beziehen zwei von ihnen einen besonderen Platz in der
Kathedrale und erinnern an das Wunder.

13_ Verrückt nach Hühnern
Eine Modewelle mit weitreichenden Folgen

1842 kehrte Kapitän Edward Belcher nach dem ersten Opium-krieg aus China zurück und brachte seiner Königin, die eine Vor-liebe für exotische Tiere hatte, als Geschenk fünf Hennen und zwei Hähne mit, die er auf der Rückfahrt, vermutlich in Sumatra, erworben hatte. Diese Hühner sahen vollkommen anders aus als die damals in England heimischen Hühner. Sie waren viel größer, schlank und gut bemuskelt, mit langen Hälsen und Beinen. Die Beschreibung erinnert stark an Malaien, eine in Sumatra beheima-tete Kampfhuhnrasse, die mit sehr langen Hälsen und aufrechter Haltung 70 bis 80 Zentimeter Größe erreicht.

Die Königin war fasziniert von den neuen Hühnern und schickte Bruteier zu ihren royalen Verwandten in ganz Europa, die sich eben-falls sehr schnell für die exotischen Hühner begeisterten. Zeitungen berichteten über das Hobby der Königin, und plötzlich eiferten viele ihrer Leidenschaft nach und versuchten, Hühner aus dem asiatischen Raum zu importieren (was nicht so einfach war, denn viele Hühner endeten offenbar schon beim Captain's Dinner auf hoher See). So gelangten Hühner unterschiedlicher Rassen und Herkunftsregionen im asiatischen Raum nach England.

Neben den kampfhuhnartigen wurden auch große, fluffige Hüh-ner mit Federn an den Beinen und Zehen beschrieben. Sie wurden mit heimischen Hühnern gekreuzt und so entstanden neue Rassen, die schneller wuchsen und mehr Eier legten – oder einfach nur schön waren. Die Modewelle schwappte nach Amerika, wo sie sich ab 1845, ganz der Tradition verschiedener anderer wirtschaftlicher Blasen fol-gend, zum *hen fever* entwickelte. Nach heutigem Wert wurden Hüh-ner für mehrere tausend Euro gehandelt. Aber Hühner vermehren sich schnell, und so platzte die Blase bereits 1855. Zurück blieben asiatische Rassen wie Cochins und Brahmas, die mit ihren Eigen-schaften wie der gelbbraunen Schalenfarbe ihrer Eier viele der heute bei uns verbreiteten Rassen beeinflusst haben.

Die Brahma-Hühner entstanden aus Kreuzungen zwischen den aus Indien und China importierten Chittagong- und Shanghai-Hühnern. Brahmas erreichen eine imposante Kopfhöhe von 75 Zentimetern, gelten aber als sehr sanftmütig. Wegen des großen Futterbedarfs, der vergleichsweise geringen Legeleistung und der langsamen Entwicklung spielen sie als Wirtschaftsgeflügel keine Rolle.

14_Deutsche Landhuhnrassen

Einige werden noch heute gezüchtet

Die Geschichte der züchterischen Bearbeitung des Geflügels, also der planvollen Weiterentwicklung einer Population, hat im Vergleich zu anderen Tierarten wie Pferden und Rindern in Deutschland erst spät begonnen. Hühner hatten in der Mitte des 19. Jahrhunderts in der Landwirtschaft keine große Bedeutung. Sie wurden als unwirtschaftlich oder lästig angesehen. Ein bezeichnendes Sprichwort aus der Zeit lautet:»Wer verderben will und weiß nicht, wie, der halte nur viel Federvieh!« Der Gedanke, durch gezielte Anpaarung von besonders schnell wachsenden Hühnern oder fleißigen Legehennen die Leistung der Tiere der nächsten Generation zu verbessern, war zu der Zeit offenbar nicht weit verbreitet. Häufig wurden vom Mastgeflügel die schwersten Tiere zuerst verkauft und für die Zucht im nächsten Jahr die Nachzügler eingesetzt. Auch bei den Eiern wurden gern die großen verkauft und eher die kleineren ausgebrütet, was zu kleineren Tieren in der nächsten Generation führte. Durch fehlenden Austausch von Zuchttieren konnte auch Inzucht ein Problem sein.

Geflügelzuchtvereine waren ab der Mitte des 19. Jahrhunderts bemüht, Zucht und Haltung der Hühner zu verbessern. Sie brachten neue Rassen ins Land und folgten damit teilweise der Modewelle aus England. In Büchern aus der Zeit beschreibt Bruno Dürigen, der als erster Wissenschaftler in Deutschland ab 1906 zur Geflügelzucht lehrte, bereits 44 Hühnerrassen, von denen aber nur sieben als Deutsche Landhühner bezeichnet werden: das »gewöhnliche Deutsche Landhuhn« und das »böhmische Landhuhn« gibt es als Rasse nicht mehr. Aber Lakenfelder, Totleger, Ramelsloher, Bergische Hühner und Thüringer Barthühner werden noch heute gezüchtet. Sie galten schon damals als besonders gut an die jeweiligen regionalen Bedingungen angepasst, und es wurde durchaus bezweifelt, ob die neu importierten Rassen eine Verbesserung sein könnten.

Der Name der Westfälischen Totleger (hier in der Farbe Gold, es gibt auch Silber) ist vermutlich aus dem plattdeutschen Wort für ein dauernd legendes Huhn, »Daudtleijer«, entstanden. Auch wenn die Legeleistung dieser alten Zweinutzungsrasse mit 180 bis 200 Eiern im ersten Jahr für eine alte Landrasse sehr gut ist, legen sich die Hennen nicht zu Tode!

15 Stubenküken

Haus- und Nutztiere der besonderen Art

Bei dem Begriff Stubenküken könnte man an niedliche Haustiere denken. Der Ursprung liegt jedoch in der Not der Kleinbauern und Tagelöhner, die in den arbeits- und ertragsarmen Wintermonaten wenig Einkommen hatten. Heute dürfen gemäß der europäischen Vermarktungsnorm für Geflügelfleisch (Nummer 1234/2000) Hühner bis zu einem Alter von 28 Tagen und einem maximalen Gewicht von 750 Gramm als Stubenküken vermarktet werden.

Die zarte und fettarme Delikatesse ist in anderen Ländern als Coquelet, Poussin, Galletto oder Polluelo bekannt. In Deutschland sind Stubenküken eng mit der Rasse der Ramesloher Hühner verbunden. In seinem Standardwerk zur Geflügelhaltung aus dem Jahr 1886 beschrieb Bruno Dürigen, dass in der Gegend südlich von Hamburg, den Vierlanden, seit »Menschengedenken« die Aufzucht von Stubenküken praktiziert wurde. In den Häusern gab es eine extra eingerichtete Kükenstube, die oft gleichzeitig der Wohn- und Schlafraum der Familie war. In einem etwa zwei Meter hohen Raum von ungefähr drei mal drei Meter Grundfläche lebte eine Familie mit vier Kindern gemeinsam mit 250 Stubenküken. Neben einem Kachelofen befanden sich in mehreren Etagen kleine Holzkäfige, in denen die Küken aufgezogen wurden. Die Käfige wurden mit Sand eingestreut, der zweimal täglich gewechselt wurde (und guter Dünger war). Gefüttert wurde ein Brei aus einer Art Dickmilch, die mit Buchweizenmehl vermischt wurde. Aufgewertet wurde der Brei durch fein zerstampfte kleine Fische, die in den Wintermonaten in großer Menge in der Elbe gefangen werden konnten. Mit diesem eiweißreichen Futter, Wärme und eingeschränkter Bewegung erreichten die Küken im Alter von fünf bis sechs Wochen ein Gewicht von 600 bis 700 Gramm und wurden an spezialisierte Händler verkauft, die die zarten Braten im nahe gelegenen Hamburg verkauften. Später wurden sie bis nach Berlin und in andere große Städte geliefert.

In der Region südlich von Hamburg, den Vierlanden, war ein leichtes weißes Huhn mit schwarzen Augen beheimatet, das für seine Fleischqualität bekannt war. Durch Einkreuzungen von schweren Cochin-Hühnern sowie Spaniern und Andalusiern, die mehr Eier legten, entstand aus dem Vierländer Huhn, welches heute ausgestorben ist, das nach der Ortschaft bei Harburg benannte Ramelsloher Huhn.

16 Kapaun, Chapon, Cappone
Masthähnchen einer anderen Dimension

Wenn Hähne geschlechtsreif werden, fangen sie nicht nur an, sich gegenseitig im Kräh-Wettbewerb zu überbieten, sie kämpfen auch. Das kann zu ernsten Verletzungen oder dem Tod eines Hahnes führen. Vermutlich ist man aus diesem Grund schon vor sehr langer Zeit (es gibt Hinweise in alten griechischen und römischen Quellen) auf die abwegig erscheinende Idee gekommen, Hähne zu kastrieren. Abwegig deshalb, weil beim Hahn, anders als bei Säugetieren, die Hoden im Inneren der Bauchhöhle in der Nähe des Rückens liegen. Das bedeutet, dass man die genaue Lage nicht von außen erkennen kann und um sie zu entfernen, die Bauchhöhle mit einem Schnitt hinter der letzten Rippe geöffnet werden muss. Die Hoden wurden dann mit einem Finger und einer speziellen Zange herausgezogen und entfernt. Erstaunlicherweise haben offenbar relativ viele Hähne diese schmerzhafte und riskante Operation ohne Betäubung und ohne Medikamente überlebt. Den kastrierten Hähnen, Kapaun oder auch Kapphahn genannt, wurden außerdem zur Kenntlichmachung oder um sie vor den Attacken anderer zu schützen, auch noch der Kamm und die Kehllappen abgeschnitten. Man hatte früher – und wenn es um den Genuss geht, auch heute noch – eine andere Einstellung zum Thema Tierleid.

Als Nebeneffekt der Hormonumstellung werden die Hähne nicht nur weniger aggressiv, sie setzen auch mehr Fett an. In der Folge sind Kapaune gut zu mästen und liefern ein besonders zartes und geschmackvolles Fleisch. Aus diesem Grund werden in Frankreich (*Chapon*) und Italien (*Cappone*), aber auch in Ungarn und Slowenien heute noch Hähne im Alter von etwa vier Monaten kastriert, für weitere zwei bis vier Monate gemästet und als Delikatesse verkauft. In Deutschland und Österreich ist seit 2005 das Kastrieren von Hähnen zur Mast, nicht aber der Handel mit Kapaunen verboten. Ein *Chapon de Bresse* wiegt gute vier Kilogramm und kann bis zu 450 Euro kosten.

Seit 1865 werden jedes Jahr im Dezember die »Glorreichen der Bresse« durch eine Jury aus Fachleuten und Köchen ermittelt. Die Züchter der besten Tiere werden mit dem prestigeträchtigen Großen Ehrenpreis ausgezeichnet. In Bourg-en-Bresse ist dies seit Napoleon III. traditionell eine blaue Vase vom Präsidenten der Republik, der im Gegenzug zu Weihnachten einen Kapaun erhält.

17 __Keep Hens, Raise Chickens

Als Hühnerhaltung eine patriotische Pflicht war

Hühnerhaltung spielte in den Weltkriegen eine wichtige Rolle zur Versorgung der Bevölkerung. Gut dokumentiert ist dies aus den USA. Während des Ersten Weltkrieges wurden Belgien und Frankreich von den USA mit Lebensmittellieferungen unterstützt. Das Projekt »Re-chicken-ize France« zielte darauf ab, die Geflügelproduktion in Frankreich zur Versorgung der Bevölkerung anzukurbeln. Für Spenden von zehn Cent (Kosten eines Eis) oder 25 Cent (Kosten eines Kükens) gab es einen Pin mit der Aufschrift: »*I have a chicken in France*«. Für 400 Dollar konnte eine Geflügelfarm mit zwei Brutmaschinen und 1.000 Bruteiern ausgestattet sowie der Lohn für Betreuungspersonal finanziert werden.

Kurz nachdem die USA 1917 in den Krieg eingetreten waren, wurde die U. S. Food Administration gegründet, um die Versorgung mit Lebensmitteln zu verwalten. Fleisch, Weizen und Zucker wurden in großem Umfang zur Versorgung der Soldaten exportiert. Die US-Bevölkerung wurde dazu aufgerufen, Lebensmittel zu sparen. In der Folge verdoppelten sich die Lieferungen nach Europa, während der Verbrauch in Amerika um 15 Prozent zurückging. Auf Plakaten wurde dazu aufgerufen, Legehennen im Winter, wenn sie keine Eier legten und ihr Fleisch einen etwas höheren Preis erzielen konnte, nicht zu schlachten. Von Februar bis Mai könnten sie noch 30 wertvolle Eier legen!

Anzeigen warben dafür, Hühner zu halten und zu züchten. Hühner sind vergleichsweise einfach zu versorgen, selbst Kinder wurden einbezogen. Die Hühner konnten selbst nach Futter suchen, verwandelten Küchenabfälle in wertvollen Kompost für den Gemüsegarten, vertilgten Schädlinge und lieferten Eier. Damit konnten sie zur persönlichen Ernährungssicherheit beitragen. Wenn es zusätzliche Eier zu verkaufen gab, brachten die Gartenhühner auch etwas Geld ein. Der Slogan lautete: In Friedenszeiten eine lohnende Freizeitbeschäftigung, in Kriegszeiten eine patriotische Pflicht.

Moderne Hochleistungshennen (Legehybriden) würden ohne energie- und nährstoffreiches Zusatzfutter erheblichen Mangel leiden und krank werden, weil sie etwa doppelt so viele Eier legen wie die Rassen, die 1918 genutzt wurden. Alte Rassen, die weniger Eier legen, geraten nicht so leicht in ein Nährstoffdefizit.

18_ Eggogramme
Die nationale Eiersammlung Großbritanniens

Frische Eier haben einen hohen Nährwert. Anfang des vergangenen Jahrhunderts rief die englische Geflügelzeitschrift »Poultry World« (die es heute noch gibt) jährlich zu einer Spendenaktion, der »Hospital Egg Week«, für Krankenhäuser in London auf. Mit Beginn des Ersten Weltkrieges wandelte Frederick Carl, der Direktor der Zeitschrift, die Idee um und rief dazu auf, Eier für verwundete britische Soldaten in französischen und belgischen Krankenhäusern zu spenden. Das Kriegs- und das Finanzministerium unterstützten die Aktion von Beginn an.

Mit Aufrufen in der Presse und landesweiter Unterstützung durch Freiwillige wurden ab August 1914 über 2.000 Sammelstellen eingerichtet. Wiederverwendbare Verpackungen und Etiketten wurden zur Verfügung gestellt, und die Bahn transportierte die gesammelten Eier kostenlos nach London zu einem zentralen, durch das Warenhaus Harrods zur Verfügung gestellten Lagerhaus. Die Logistik funktionierte so gut, dass Eier innerhalb von drei Tagen in den Krankenhäusern auf der anderen Seite des Ärmelkanals ankamen. Nachdem Königin Alexandra, die Gattin des damaligen Königs George V., die Schirmherrschaft übernommen hatte, wurden im August 1915 mehr als eine Million Eier in einer Woche gespendet. Spender waren nicht nur große Geflügelbetriebe, sondern auch viele Privatpersonen mit kleinen Geflügelhaltungen für den Eigenbedarf, die ein oder zwei Eier abgaben.

Die Logistik wurde auf lokaler Ebene von Kirchengemeinden und Vereinen getragen. Kinder wurden in die Aktion einbezogen: Sie gingen von Haus zu Haus, sammelten Eier und brachten sie in die Schule. »Poultry World« ermutigte die Spender, kurze Nachrichten und ihre Adresse auf die Eier zu schreiben. Es ist bekannt, dass viele dieser sogenannten »Eggogramme« mit Dankesnachrichten beantwortet wurden. Die Sammlung wurde bis April 1919 aufrechterhalten und insgesamt wurden mehr als 41 Millionen Eier gespendet.

Im Ersten Weltkrieg waren Lebensmittel in Deutschland so knapp, dass Brotgetreide nicht mehr an Hühner verfüttert werden durfte. Julie Patzelt erfand damals eine Massen-Fliegenfalle, mit der Fliegen als Futter für die Hühner gefangen werden konnten, und die kleinen Hühnerrassen (Zwerghühner) erlebten wegen des geringeren Futterbedarfs einen Aufschwung.

19 Züchterwettstreit

Yesterday's Chicken of Tomorrow

»Broiler« (abgeleitet vom englischen Begriff »*to broil something*« für etwas braten, grillen, kochen), wie wir sie als Grillhähnchen, Hühnerbrust oder Chickenwings kennen, gehen auf eine heute unvorstellbare Zuchtinitiative in den USA der Nachkriegszeit zurück. Die erste große Supermarktkette der USA, A&P, erkannte nach dem Zweiten Weltkrieg den Bedarf an günstigem Fleisch und rief gemeinsam mit dem US-Landwirtschaftsministerium einen mehrjährigen Wettbewerb ins Leben. Das Ziel war ein Hühnchen mit so viel Brustfleisch wie ein Truthahn und fleischigen Schenkeln, das schnell wächst und aus wenig Futter viel Fleisch macht.

Der Wettbewerb dauerte drei Jahre, in denen auf regionaler und überregionaler Ebene und schließlich in einem nationalen Wettbewerb Tausende Züchter mit ihrem Geflügel teilnahmen. Die Preisrichter legten landesweit dieselben Maßstäbe an, indem sie Checklisten und Wachsmodelle zur Bewertung eines optimalen Schlachtkörpers benutzten. Denn hier wurden nicht lebende Tiere auf einer Ausstellung bewertet, sondern die küchenfertigen Schlachtkörper.

An der nationalen Endausscheidung nahmen die 40 besten Teilnehmer der regionalen Wettbewerbe teil. Sie lieferten jeweils 720 Bruteier per Flugzeug, Bahn oder Auto zur selben Brüterei. Von den Küken wurden je 200 männliche und 200 weibliche in 40 Abteilen der universitätseigenen Aufzuchtstation für zwölf Wochen gemästet. In der Kategorie Wirtschaftlichkeit (unter anderem: Legeleistung der Eltern, Endgewicht, Futterverbrauch) waren die braunen Kreuzungstiere aus New-Hampshire- und Cornish-Hühnern der Vantress Farm unschlagbar. Die besten küchenfertigen Schlachtkörper (Fleischanteil, Federreste, Hautfarbe und Unterhautfett) hatten die weißen Plymouth Rocks von Arbor Acres. Die Gene dieser Siegertiere leben in den Mastbroilern der heutigen Geflügelindustrie fort, die 90 Prozent des weltweiten Mastgeflügels produzieren.

Texaco (damals The Texas Company) sponserte einen Dokumentarkurzfilm über das Projekt. Der Sprecher, Lowell Thomas, war ein amerikanischer Schriftsteller, Schauspieler, Rundfunksprecher und Reisender, der seinerseits durch die Bekanntmachung von T. E. Lawrence (Lawrence von Arabien) bekannt wurde. www.archive.org/details/Chickeno1948

20 Hybridhühner
Erfolgsgaranten für Zuchtunternehmen

Als Rassen werden innerhalb einer Tierart Untergruppen bezeichnet, die aufgrund einer gemeinsamen Zuchtgeschichte ähnlich aussehen und vergleichbare Eigenschaften (beispielsweise Leistung, Verhalten) aufweisen. Werden sie untereinander verpaart, haben die als reinrassig bezeichneten Nachkommen ähnliche Eigenschaften wie die Eltern. Beim Geflügel sind weltweit mehr als 1.600 Rassen bekannt. Rassen sind meist regional entstanden und an die besonderen Gegebenheiten der Umweltbedingungen der Region oder besondere kulturelle Vorlieben der Menschen angepasst. Im weiteren Sinn kann man zu den kulturellen Vorlieben der Menschen auch den Wunsch nach besonderen Farben und Formen zählen, der zur Vielfalt der Geflügelrassen in unserem Kulturkreis beigetragen hat.

Im Gegensatz zum Rassegeflügel werden Hybridhühner durch Unternehmen erzeugt und vermarktet. Weltweit erzeugen genau zwei Unternehmensgruppen 90 Prozent der Legehennen. Für Masthühner gibt es weltweit vier große Zuchtunternehmen. Wirtschaftsgeflügel ist nicht »reinrassig« in dem Sinn, dass Eltern und Nachkommen dieselben Eigenschaften aufweisen. Es handelt sich um sehr spezielle Kreuzungen von Zuchtlinien. Diese Elterntierlinien sind das Geschäftsgeheimnis und Erfolgskapital der Zuchtunternehmen. Die Linien sind durch gezielte Inzucht genetisch sehr einheitlich. Über zwei Generationen werden die Linien gekreuzt, um die gewünschten Lege- oder Masthybriden mit allen guten Eigenschaften der Eltern und Großeltern zu erzeugen. Durch bestimmte genetische Effekte (Heterosis-Effekt) übertrifft die Leistung der Nachkommen teils erheblich die der Eltern. Würde man Tiere dieser Generation untereinander wieder kreuzen, wären die Nachkommen weniger leistungsstark und sehr unterschiedlich: Die Eigenschaften spalten gemäß der Mendelschen Regeln auf. Dadurch müssen Gebrauchstiere immer wieder neu vom Zuchtunternehmen gekauft werden.

Auch für den kleinen Hobbyhalter bieten die Zuchtkonzerne passende Produkte: Die in Deutschland beliebten Königsberger Hühner sind keineswegs eine, wie der Name vielleicht vermuten lässt, alte ostpreußische Hühnerrasse. Es sind Hybriden aus den Zuchtställen der Lohmann Deutschland GmbH & Co. KG.

21_ Geflügelmast

Mast für Chickenwings, Nuggets und Hähnchenbrust

Geflügelfleisch wird immer beliebter: Um das Jahr 2000 hat jeder Bundesbürger im Durchschnitt knapp elf Kilogramm Geflügelfleisch pro Jahr verzehrt, 2021 waren es bereits gut 13 Kilogramm. Der Geflügelfleischsektor wächst weltweit schneller als die Erzeugung von Rind- und Schweinefleisch. Gut 80 Prozent des in Deutschland verzehrten Geflügelfleisches stammt von Masthühnern, der Rest von Puten, Gänsen und Enten. 2020 wurden 92 Millionen Broiler in 3.800 Betrieben gemästet. Die allermeisten in Betrieben mit mehr als 50.000 Tieren. Weniger als ein Prozent der Hähnchenmäster halten weniger als 10.000 Tiere.

1992 gab es noch etwa 80.000 (!) bäuerliche Betriebe mit Hähnchenmast, und die durchschnittliche Betriebsgröße lag bei 455 Tieren. 2018 (neuere Zahlen waren noch nicht verfügbar) konnten Landwirte im Durchschnitt für jedes Hähnchen 49 Cent mehr erlösen, als sie für Küken, Futter, Tierarzt und Energie ausgeben mussten. Von den 49 Cent müssen der Stall einschließlich der Stalltechnik, allgemeine Kosten des Betriebes, Versicherungen, das unternehmerische Risiko, der Lebensunterhalt des Unternehmers sowie die Steuern finanziert werden.

Schnelles Wachstum ist das wichtigste Merkmal der Broiler. In vier bis sechs Wochen erreichen sie ein Gewicht von 1,5 bis 2,2 Kilogramm. Die Mast findet überwiegend in Bodenhaltung in geschlossenen Ställen statt. Auslaufhaltungen gibt es fast nur in der ökologischen Tierhaltung. In der konventionellen Stallhaltung teilen sich 18 bis 22 Broiler jeden Quadratmeter Stallfläche. Werden die Hähnchen etwas länger, bis zum Gewicht von 2,7 Kilogramm gemästet, sind es noch 15 Tiere. Die sehr gute Futterverwertung von 1,6 bis 1,7 Kilogramm Futter für jedes Kilo Zunahme veranlassen das weltweit führende Zuchtunternehmen Aviagen zu der Aussage, dass die gesteigerte Produktivität den Beitrag der Geflügelhaltung zur Erderwärmung um 19 Prozent reduziert hat.

New-Hampshire-Hühner wurden um 1940 im gleichnamigen US-Bundesstaat aus Rhode-länder Hühnern gezüchtet und streng nach Legeleistung und Fleischansatz selektiert. Sie nahmen am »Chicken of Tomorrow«-Wettbewerb teil, und auch wenn sie nicht gewonnen haben, waren sie beliebte Masthühner. Die ruhigen Hühner werden wegen der guten Lege-leistung von etwa 220 braunen Eiern und dem Fleischansatz geschätzt.

22 Problem Antibiotika
Resistente Keime aus der Geflügelmast

Ein Problem in der Hähnchenmast ist der Einsatz von Antibiotika und in der Folge die Bildung von multiresistenten Erregern. Seit 2014 müssen Tierhalter in Deutschland ab einer Bestandsgröße von 10.000 Hähnchen alle Behandlungen mit Antibiotika an ein zentrales Register melden. Daraus wird die Therapiehäufigkeit errechnet und der Betrieb beim Überschreiten von Schwellenwerten zu Veränderungen im Management seiner Tiere aufgefordert. Die Kennzahl »Therapiehäufigkeit« sagt aus, an wie vielen Tagen im Halbjahr bei einem Masthähnchen Antibiotika eingesetzt wurden. Im zweiten Halbjahr 2022 lag der Median bei 21,5 Tagen. Der Median sagt aus, dass die Therapiehäufigkeit bei der Hälfte der Betriebe weniger und bei der anderen Hälfte der Betriebe mehr als 21,5 Tage betrug. In einem halben Jahr werden drei bis vier Hähnchen gemästet, sodass im Durchschnitt aller Betriebe jedes Hähnchen bei einer Lebensdauer von 28 bis 42 Tagen an 5,3 bis 7,2 Tagen mit Antibiotika behandelt wurde. Während bei anderen Tierarten die Therapiehäufigkeit sinkt, ist sie bei Mastgeflügel zuletzt wieder leicht angestiegen. Im Vergleich mit anderen Tierarten finden die häufigsten Antibiotikaanwendungen in der Geflügelmast statt.

Die Haltung von sehr vielen Tieren auf sehr begrenztem Raum und die Fütterung mit energie- und proteinreichem Futter mit sehr geringen Ballaststoffanteilen begünstigen die Verbreitung von Erregern und können das Immunsystem des Mastgeflügels so einschränken, dass sich Erkrankungen schnell ausbreiten. Dann wird häufig der gesamte Bestand, also auch die gesunden Tiere, über das Wasser oder Futter mit Antibiotika versorgt. Es können resistente Keime entstehen, die auf dem Fleisch nachgewiesen wurden. Zuletzt (2023) fand die »Albert Schweitzer Stiftung für unsere Mitwelt« auf 71 Prozent der untersuchten 51 Hähnchenfleischproben eines Discounters multiresistente Keime.

Bei aller Kritik am Einsatz von Antibiotika darf man nicht übersehen, dass mit ihrem sinn-vollen Einsatz Tierleid (durch Krankheit) vermindert werden kann. Will man die Einsatz-mengen ohne Tierschutzproblem reduzieren, müssen die Erkrankungen verhindert werden.

23 _ 43 Millionen Legehennen
Wirtschaftsfaktor Geflügelwirtschaft

2021 wurden in Deutschland 19,7 Milliarden Eier konsumiert. Das entspricht 238 Eiern pro Person und Jahr. Ungefähr die Hälfte davon wurde von privaten Haushalten als »Schaleneier« gekauft, 17 Prozent wurden in der Außer-Haus-Verpflegung genutzt und rund ein Drittel in eihaltigen Lebensmitteln wie Nudeln, Backwaren oder Fertiggerichten verwendet. Erstmals seit vielen Jahren ist der Eierverbrauch 2021 um etwa zwei Prozent zurückgegangen (pro Kopf vier Eier weniger). Weil gleichzeitig die Legehennenhaltung in Deutschland noch etwas zugenommen hat, ist der Selbstversorgungsgrad für Eier in Deutschland auf 73 Prozent gestiegen.

Von 43 Millionen Hennen wurden 2021 rund 13 Milliarden Eier gelegt. Die meisten (62 Prozent) leben in Bodenhaltung (also ohne Auslauf unter freiem Himmel), 20 Prozent in konventioneller Freilandhaltung und fünf Prozent in der sogenannten Kleingruppenhaltung, welche ein Nachfolger der Käfighaltung ist. Immerhin 13 Prozent der Hennen leben auf ökologisch wirtschaftenden Betrieben. Die höchsten Leistungen wurden in der Kleingruppenhaltung mit 310 Eiern je Henne und Jahr erzielt, gefolgt von der Bodenhaltung mit 304 Eiern, der Freilandhaltung mit 300 Eiern und der ökologischen Haltung mit 296 Eiern. In diese Statistiken fließen die Daten von Betrieben mit mehr als 3.000 Legehennen ein. 2021 waren das 2.105 Betriebe, von denen 27 Prozent nach den Richtlinien für Biobetriebe wirtschafteten.

Die Wertschöpfungskette der Eiererzeugung reicht von der Futtermittelindustrie und den Herstellern von Stalleinrichtungen über Brütereien und Eier-Packstellen bis in den Lebensmitteleinzelhandel und die Eierverarbeitung für Großverbraucher. Dazwischen sind viele spezialisierte Transportunternehmen für Tiere, Eier und Produkte tätig. In der deutschen Geflügelwirtschaft, die eine Bruttowertschöpfung von 8,6 Milliarden Euro erreicht, gibt es rund 170.000 Arbeitsplätze.

In verarbeiteten Lebensmitteln wie Nudeln, Mayonnaise und Fertiggerichten können sich Eier aus Käfighaltung »verstecken«, die aus Nicht-EU-Ländern stammen. Eine Kennzeichnung ist nicht vorgeschrieben.

24 Haltungsformen
Was bedeutet die 3 auf dem Ei?

Seit 2010 sind in Deutschland für die Haltung von Hühnern in Käfigen nur noch größere,»ausgestaltete Käfige« für Kleingruppen erlaubt. 30 bis 60 Hennen leben darin und haben je Henne 800 Quadratzentimeter zur Verfügung (zum Vergleich: ein DIN-A4-Blatt hat etwa 620 Quadratzentimeter). Die Ausgestaltung besteht aus Sitzstangen, Nest und einer Fläche zum Scharren. Die Käfige müssen mindestens 2,5 Quadratmeter groß und 50 Zentimeter hoch sein. Natürliches Licht und Auslauf sind nicht erforderlich. Eier aus dieser Haltung tragen die 3.

In der Bodenhaltung (Kennzeichnung 2) ist die Einrichtung häufig auf verschiedene Etagen verteilt, zwischen denen die Hühner sich frei bewegen. In jeder Gruppe dürfen bis zu 6.000 Hennen untergebracht werden. Mindestens ein Drittel des Stalles muss als Scharrfläche gestaltet sein. Ein Auslauf ist nicht vorgeschrieben. In der Bodenhaltung müssen sich neun Hennen einen Quadratmeter Stallfläche teilen. Wenn es mehrere Ebenen gibt, dürfen es 18 sein.

In der Freilandhaltung (Kennzeichnung 1) dürfen auf jedem Quadratmeter Stallgrundfläche neun bis 18 Hennen in Gruppen bis zu 6.000 Tieren leben. Seit 2006 ist ein Kaltscharrraum vorgeschrieben, der auch bei schlechtem Wetter zugänglich sein muss. Darüber hinaus sind für jede Henne vier Quadratmeter bewachsene Auslauffläche vorgeschrieben, die tagsüber uneingeschränkt zugänglich sein müssen.

Die Mindestanforderungen an die ökologische Legehennenhaltung (Kennzeichnung 0) regelt die EU-Öko-Verordnung. Danach dürfen nicht mehr Hühner gehalten werden, als der Betrieb an Fläche für die sinnvolle Verwertung des Hühnermists hat. Maximal 3.000 Hühner dürfen in einer Gruppe und bis zu sechs Hennen je Quadratmeter Stallfläche gehalten werden. Sie erhalten Biofutter, in dem synthetisch erzeugte Aminosäuren und gentechnisch veränderte Komponenten verboten sind. Ein Grünauslauf ist Vorschrift.

In der EU müssen Eier im Handel mit einer Codierung gestempelt sein. Die erste Ziffer (0 bis 3) bezeichnet die Haltungsform. Es folgen ein Länderkürzel aus Buchstaben (D, NL), zwei Ziffern für das Bundesland (05 für NRW), eine vierstellige Betriebsnummer sowie eine Stallnummer.

25 Bio-Geflügel

Was ist anders?

Die rechtlichen Vorgaben der ökologischen Landwirtschaft sind in der EU-Öko-Verordnung VO 2018/848 festgelegt. Einzelne Bioverbände wie Bioland, Naturland und Demeter haben Regeln, die über diese Vorschriften hinausgehen. Für die Geflügelhaltung beziehen sich Vorschriften unter anderem auf den obligaten Auslauf, mehr Platz für die Tiere im Stall, die Fütterung mit Ökofutter, die Gabe von Raufutter und den Einsatz von Medikamenten. Legehennen und Masthähnchen müssen mindestens während eines Drittels ihres Lebens Zugang zu einem möglichst bewachsenen Freigelände haben. Ein Drittel erscheint wenig, aber auch unter Öko-Bedingungen werden Hähnchen langsam wachsender Rassen schon mit acht Wochen geschlachtet. In den ersten Wochen können die kleinen Küken noch nicht ins Freie, weil sie noch nicht genügend Federn zum Schutz vor Witterungseinflüssen haben und eine zu leichte Beute für Greifvögel wären.

Nur knapp 1,5 Prozent des in Deutschland konsumierten Geflügelfleisches stammt aus ökologischer Erzeugung. Bio-Hähnchen werden älter als konventionelle und brauchen mehr Futter. Ökologisch erzeugtes Futter für Hähnchen und Legehennen ist fast doppelt so teuer wie konventionelles Futter. Wertvolle Inhaltsstoffe, die nicht synthetisch ergänzt werden dürfen, stammen aus teuren Komponenten, die in Öko-Qualität knapp sind. Das Futter soll zu einem Drittel auf dem eigenen Betrieb erzeugt werden und so das Konzept der Kreislaufwirtschaft unterstützen. Wie die Legehennen müssen auch Broiler im Stall mehr Platz haben. So teilen sich maximal zehn oder in Mobilställen 16 Hähnchen einen Quadratmeter und haben zusätzlichen Auslauf. Kranke Tiere müssen auch in der Bio-Haltung behandelt werden. Allerdings dürfen nur ein einziges Mal im Leben chemisch-synthetische Arzneimittel genutzt werden, sonst können sie nicht mehr als Bio-Tiere vermarktet werden. Vorbeugen hat also Vorrang.

Die Inflation bei Bioprodukten lag 2022 im Durchschnitt nur bei gut fünf Prozent, obwohl wegen der schlechten Ernte Kartoffeln deutlich teurer waren. Konventionelle Produkte verteuerten sich im gleichen Zeitraum um acht Prozent. Ein Grund liegt im Verzicht auf Kunstdünger, der die konventionelle Landwirtschaft erheblich verteuert hat.

26_ Legehennenhaltung
Damit die Eier im Supermarkt so günstig sind

Im Alter von 20 bis 22 Wochen beginnen Hühner Eier zu legen. In der Wirtschaftsgeflügelhaltung ziehen die Junghennen zwei bis drei Wochen vor diesem Termin aus den Aufzuchtbetrieben in die Legehennenställe um. Aus hygienischen Gründen werden immer ganze Herden eingestallt. Vor der Neubelegung werden die Ställe sorgfältig gereinigt und desinfiziert. Alle Hühner einer Herde sind auf den Tag genau gleich alt. Die Beleuchtungsdauer und die Fütterung sind so abgestimmt, dass möglichst alle Hühner gleichzeitig damit beginnen, Eier zu legen. Für die nächsten zwölf bis 14 Monate tun sie das fast täglich. Durchschnittlich legen sie in einer Legeperiode mehr als 300 Eier.

Danach setzt bei Hühnern die Mauser ein, in der sie das Gefieder erneuern und die inneren Organe regenerieren, aber keine Eier legen. Dieser Vorgang wird natürlicherweise durch die kürzer werdenden Tage ausgelöst. Der für die Legetätigkeit verantwortliche Hormonhaushalt wird durch die Tageslichtlänge beziehungsweise die Dauer der Dunkelphase gesteuert. Durch Kunstlicht wird den Hennen allerdings dauerhaft die Situation eines Sommertages vorgegaukelt. Die modernen Hochleistungshennen haben das Eierlegen so sehr in ihrem genetischen Bauplan verankert, dass sie Eier produzieren, auch wenn das auf Kosten der eigenen Gesundheit geht. Die Henne verbraucht für die Bildung der Eier so viele Nährstoffe, dass nicht genug für den eigenen Bedarf bleibt. Der Kalk für die Eierschalen kann oft nicht in den benötigten Mengen aus dem Futter gedeckt werden und wird den Knochen entzogen. Knochenbrüche, besonders am Brustbein, sind häufig die Folge.

Am Ende einer Legeperiode ist die Leistungsfähigkeit der Hühner erschöpft, und die Eierproduktion der Herde lässt nach. Aus wirtschaftlichen Gründen wird zu diesem Zeitpunkt normalerweise die gesamte Herde geschlachtet und der Stall für neue Junghennen vorbereitet.

Wenn du ein Ei isst, beleidige nicht das Huhn. (Afrikanisches Sprichwort)

27_Pulloverhühner
Eine Zukunft für einige Opfer der Eierproduktion

Der Verein »Rettet das Huhn e. V.« hat es sich zur Aufgabe gemacht, wenigstens einigen Hühnern aus der Wirtschaftsgeflügelhaltung ein Weiterleben bei privaten Hühnerfreunden zu ermöglichen.

Einige kommerzielle Betriebe kooperieren mit dem Verein und geben am Ende der Legeperiode die Hennen nicht an den Schlachthof, sondern zur Weitervermittlung an den Verein. Er muss dann sämtliche Tiere abnehmen. Über ein bundesweites Netz von Ansprechpersonen organisieren die Hühnerfreunde die Vermittlung. Die Hühner werden ausschließlich mit einem Schutzvertrag abgegeben und dürfen nicht weiterverkauft oder geschlachtet werden. Nach Angaben des Vereins können so jährlich etwa 20.000 Hennen an Privathalter vermittelt werden. Meist sind die Hühner durch die extreme Leistung, die Haltungsbedingungen und den Stress geschwächt und manchmal fast ohne Federn. Solche Hühner bekommen Pullover, bis ihnen neue Federn wachsen. Auf der Internetseite des Vereins finden sich eine Anleitung und ein Schnittmuster für Hühner-Pullis.

Anfangs brauchen die Hochleistungshennen besondere Aufmerksamkeit und manchmal auch tierärztliche Versorgung. Genetisch bedingt legen sie weiterhin viele Eier und benötigen darum hochwertiges Futter mit ausreichendem Eiweißanteil sowie viel Kalzium. Aufgrund der extremen Legeleistung kann es zu Legedarmentzündungen und ähnlichen Komplikationen kommen, die für die Hühner tödlich enden können. Die Ansprechpartner des Vereins kennen Adressen geflügelkundiger Tierärzte, die solche Erkrankungen oft noch gut behandeln können. Der Verein berät und unterstützt die neuen Hühnerbesitzer in allen Fragen und gibt viele Tipps zum Umgang mit den Hühnern. Normalerweise erholen sich die Tiere sehr schnell in ihrer neuen Umgebung. Oft können sie noch einige schöne Jahre bei ihren neuen Besitzern verbringen und werden auch dort weiterhin viele Eier legen – sie können nicht anders.

Ältere Hennen und manche Rasse neigen dazu, sehr große Eier zu legen (was mit Problemen für die Hühner verbunden sein kann). Manchmal enthalten die Eier zwei Eidotter. Theoretisch befinden sich in dem Ei auch zwei Eizellen, aus denen sich Küken entwickeln könnten. Aber der Platz im Ei ist zu knapp, sodass sich zwei Küken nicht bis zur Schlupfreife entwickeln können. Sie sterben vorher.

28_ Kükentöten
Moralische Kosten für billige Eier

Die Intensivierung der Nutztierhaltung hat uns Verbrauchern tierische Produkte zu günstigsten Preisen (in Relation zu anderen Kosten) beschert. Spezialisierte Milchkühe geben besonders viel Milch, spezialisierte Mastschweine wachsen besonders schnell und setzen kaum noch Fett an.

In der Geflügelwirtschaft hat das dazu geführt, dass die spezialisierten Legehennen nur die minimal erforderlichen Muskeln entwickeln und all ihre Energie in die Eier stecken können. Für die Fleischerzeugung wurden Tiere gezüchtet, die große Muskeln entwickeln und besonders schnell wachsen. Die Mastrassen legen deutlich weniger Eier als die Legespezialisten – aber das spielt für die Fleischproduktion ja nur eine untergeordnete Rolle (nur für die Wirtschaftlichkeit der Elterntiere). Die weiblichen Tiere sind hier also nicht »benachteiligt«. Bei den auf die Eierproduktion spezialisierten Tieren bedeutet der geringe Fleischansatz für die männlichen Tiere bislang jedoch den sicheren, sehr frühen Tod. Sie wachsen so langsam, benötigen sehr viel Futter und liefern so wenig Fleisch, dass die Aufzucht nicht wirtschaftlich ist.

Weltweit werden jährlich etwa sieben Milliarden männliche Küken getötet. In Deutschland ist das Töten männlicher Küken seit dem 1. Januar 2022 verboten – das deutsche Tierschutzgesetz verlangt einen »vernünftigen Grund«, und der ist mit der unwirtschaftlichen Aufzucht nicht gegeben. Allerdings hat der deutsche Alleingang anscheinend dazu geführt, dass männliche Küken nun nach dem Schlupf ins Ausland transportiert werden – über ihr weiteres Schicksal ist offenbar wenig bekannt.

Alternative Konzepte zum Kükentöten sind die Aufzucht der Bruderhähne, die Umstellung der Legehennenhaltung auf Zweinutzungshühner oder die frühzeitige Selektion männlicher Bruteier, sodass diese Küken nicht schlüpfen. Aber auch diese Möglichkeiten sind mit verschiedenen Nachteilen verbunden.

Küken sind in unserer Vorstellung meist gelb. Aber in der Natur sind nur die der weißen Elterntiere gelb. Die allermeisten Küken haben einen grau, braun oder schwarz gefärbten Kükenflaum, manche mit Streifen oder gescheckt, das hängt von Rasse und Färbung der Eltern ab.

29 Die Brüder

Ein Phänomen in Deutschland

Weltweit wird nach Lösungen gesucht, um das Töten männlicher Küken aus der Legehennenzucht zu vermeiden. Vor allem, weil dem Ressourceneinsatz für die Erzeugung und Brut der Hälfte der Bruteier kein Erlös gegenübersteht. Als Alternative zum Töten der männlichen Küken werden in Deutschland, besonders in der ökologischen Landwirtschaft, die Brüder der Legehennen gemästet.

Die Idee, männliche Tiere aufzuziehen, ist international kaum anzutreffen und betrifft auch in Deutschland nur einen sehr kleinen Teil der männlichen Küken. Der Grund dafür ist die schlechte Futterverwertung dieser Tiere, der geringe Fleischertrag und das vergleichsweise trockene und zähe Fleisch. Bis der Bruder einer Legehenne ein Gewicht von etwa zwei Kilogramm erreicht hat, ist er fast ein halbes Jahr alt und hat ungefähr elf Kilogramm Futter gefressen. Herkömmliche Masthühner erreichen ihr Schlachtgewicht in etwa fünf Wochen mit einem Futterverbrauch von unter fünf Kilogramm und liefern mehr Fleisch (weniger Knochenanteil, größere Brust und Schenkelmuskeln).

Auch in der ökologischen Landwirtschaft wird die Mast der Bruderhähne kritisch diskutiert, weil knappe und daher wertvolle Futterressourcen nicht effizient genutzt werden. Zudem kommt es zwischen den Hähnen mit Einsetzen der Geschlechtsreife zu Rangkämpfen, die zu erheblichen Verletzungen bei einzelnen Tieren führen können.

Ein Ausweg wird im Einsatz von Zweinutzungshühnern gesucht. Die Hennen dieser Nutzungsrichtung legen zwar weniger Eier als die spezialisierten Legehybriden, die Hähne setzen aber mehr Fleisch an, sodass ihre Aufzucht weniger Futter und weitere Ressourcen benötigt als die Aufzucht der Bruderhähne (Brüder von Hennen aus spezialisierten Legelinien). Derzeit sind Zweinutzungshühner noch nicht so wirtschaftlich wie die spezialisierten Legehennen und Masthybriden, es wird jedoch viel zu diesem Thema geforscht.

Wo das Fleisch der Bruderhähne verkauft und verwendet wird, ist den Experten aus Geflügelwirtschaft und Landwirtschaftskammern nicht bekannt. Das Fleisch ist deutlich fester (zäher) als das der normalen Masthähnchen. Im Supermarkt findet man es nur ausnahmsweise im Bio-Sortiment. Möglich ist eine Verwendung im Tierfutter oder der Export, beispielsweise nach Afrika.

30__Zweinutzungshühner

Kann weniger auch mehr sein?

Die Spezialisierung auf Legeleistung oder Mästbarkeit in der Wirtschaftsgeflügelhaltung führt bei beiden Nutzungsrichtungen zu Problemen: Die männlichen Tiere der Legespezialisten setzen so wenig Fleisch an, dass ihre Aufzucht nicht lohnt. Die große Zahl an Eiern fordert den Hennen oft mehr Leistung ab, als ihnen guttut. Knochen- und andere Gesundheitsprobleme sind die Folge. Die Mastspezialisten setzen so schnell Fleisch an, dass besonders die Eltern der Mastbroiler, die ja älter als sieben Wochen werden, gesundheitliche Probleme bekommen. Sie werden darum sehr restriktiv gefüttert, was wiederum aggressives Verhalten und Kannibalismus fördert.

Besonders für die ökologische Geflügelhaltung bemüht man sich seit einigen Jahren, ein Zweinutzungshuhn zu züchten, welches zwar weniger Eier legt als die Spezialisten, aber wegen der Eignung der männlichen Tiere zur Mast dennoch wirtschaftlich ist. Für viele Akteure der Bio-Branche ist es auch ein Argument, dass diese Tiere nicht aus dem Portfolio der großen Züchtungskonzerne stammen. Die 2015 von den Bioverbänden Demeter und Bioland als gemeinnützige GmbH gegründete Ökologische Tierzucht gGmbH (ÖTZ) widmet sich der Zucht von Zweinutzungshühnern. Das Leistungsniveau der Linien ÖTZ Coffee und ÖTZ Cream liegt derzeit bei knapp 230 Eiern der Legehennen und einer Aufzuchtdauer der Hähne von 14 Wochen bis zu einem Gewicht von 2,3 Kilogramm. Damit übertreffen sie die Leistungen traditioneller Zweinutzungsrassen wie Sundheimer Hühner, Dorking oder New Hampshire. Im Vergleich zu den spezialisierten Lege- und Masthybriden benötigen Zweinutzungstiere jedoch mehr Futter. Aus diesem Grund sind Eier von Zweinutzungshennen und Fleisch von Zweinutzungshähnen teurer. Besonders, weil Futter, das den Bio-Richtlinien entspricht, deutlich teurer ist als konventionelles Futter.

Die Bundesregierung fördert aktuell mehrere Forschungsprojekte im Zusammenhang mit der Zucht, Haltung und Vermarktung von Zweinutzungshühnern. Infos dazu gibt es auf der Internetseite des Bundesinformationszentrums Landwirtschaft: www.nutztierhaltung.de.

31 Männliche Eier erkennen

Von Eiern, die im Dunkeln leuchten …

Das Geschlecht wird auch beim Huhn durch die Kombination von zwei gleichen oder unterschiedlichen Chromosomen bestimmt. Beim Menschen »bestimmt« der männliche Part wegen des »gemischten« Chromosomenpaares X und Y über das Geschlecht der Nachkommen: Gibt er ein X-Chromosom weiter, wird es in Verbindung mit dem X des weiblichen Partners (von dem es ja nur X geben kann) ein Mädchen, gibt er ein Y weiter, wird es ein Junge. Beim Geflügel werden die das Geschlecht bestimmenden Chromosomen (Gonosomen) mit Z und W bezeichnet, und hier trägt die Henne den gemischten Chromosomensatz ZW, der Hahn ZZ. Das von der Henne weitergegebene Chromosom entscheidet also darüber, ob das Küken zwei unterschiedliche (ZW = weiblich) oder zwei gleiche Gonosomen (ZZ = männlich) besitzt.

Forscher in Israel und Australien haben ein Verfahren entwickelt, das sich diese Vererbung der Gonosomen zunutze macht, um »männliche« Bruteier erkennen zu können. Mit der Methode der Gen-Editierung (CRISPR), die in Europa noch sehr umstritten ist, haben sie in das Erbgut des männlichen Chromosoms der Mutterhennen (Z) den Bauplan für ein fluoreszierendes Protein eingebaut. Diese Hennen bekommen Hähne mit unveränderten Chromosomen als Partner. Männliche Küken (ZZ) haben ein Z-Chromosom von der Henne, und die Eier leuchten daher unter UV-Licht. Gleichzeitig tragen weibliche Küken – die nächste Generation der Legehennen – keine gentechnisch veränderten Chromosomen (das W von der Henne und das Z des Hahnes). Unter UV-Licht können die »männlichen« Eier noch vor dem Beginn der Brut aussortiert und industriell verwertet werden. So sollen das Töten männlicher Küken verhindert und erhebliche Kosten und Ressourcenverbrauch reduziert werden. Das ist die bisher frühestmögliche Geschlechtserkennung – die allerdings in Europa aufgrund der Gentechnikgesetze nicht angewendet werden darf.

Dorking-Hühner gehören zu einer der ältesten europäischen Hühnerrassen. Sie sind nach der englischen Stadt Dorking benannt, wurden aber vermutlich von den Römern nach England gebracht. Ihr besonders Kennzeichen ist die zusätzliche fünfte Zehe. Es sind eher schwere, aber sehr ruhige Fleischhühner, die etwa 150 Eier im Jahr legen. In Deutschland und England ist die Rasse stark gefährdet.

32 __ Geflügelsektor weltweit
Hühnchens Rolle in der Ernährung der Menschheit

Geflügelfleisch und Eier sind wertvolle Lebensmittel, weil sie hochwertiges Eiweiß und wenig Fett mit einem vorteilhaften Fettsäuremuster liefern. Da Hühnerfleisch meist günstig und kaum mit religiösen und kulturellen Vorbehalten oder Verboten belegt ist, gehören Geflügelfleisch und Eier zu den weltweit am häufigsten verzehrten Lebensmitteln tierischen Ursprungs. Durch das Bevölkerungswachstum und steigende Einkommen in Schwellenländern wie China und Brasilien ist dort der Konsum von Geflügelfleisch enorm gestiegen. Weltweit hat sich seit 1960 der Verzehr von Geflügelfleisch versechsfacht, während sich das Angebot von Eiern verdoppelt hat.

Nach Informationen der Welternährungsorganisation FAO wurden 2021 weltweit 25,8 Milliarden Hühner gehalten (dreimal mehr, als Menschen auf der Erde leben). Das sind mehr als doppelt so viele wie 1990. Weltweit war China mit 586 Milliarden Eiern der größte Produzent, vor Indien, wo Hühner »nur« 122 Milliarden Eier gelegt haben. Zum Vergleich: In Deutschland waren es 15,6 Milliarden.

Der größte Produzent von Geflügelfleisch waren 2021 die USA, gefolgt von China und Brasilien. Etwa 40 Prozent der weltweiten Fleischproduktion sind Geflügelfleisch. Verglichen mit anderen Tierarten nutzt Geflügel das eingesetzte Futter besonders effektiv: Für ein Kilogramm Geflügelfleisch werden zwischen 1,5 und 1,9 Kilogramm Futter benötigt. Zum Vergleich: Schweine brauchen gut drei Kilogramm Futter für ein Kilogramm Fleisch; für ein Kilogramm Rindfleisch werden sechs Kilogramm Futter benötigt (allerdings können Rinder Futtermittel wie Gras verwerten, welches für Schweine und Hühner kaum Nährwert hat).

In Ländern mit niedrigem und mittlerem Einkommen macht die kleinbäuerliche Geflügelhaltung etwa 80 Prozent des Geflügelbestands aus. Hier spielen robuste, an die lokalen Bedingungen angepasste Rassen weiterhin eine große Rolle.

Wenn ein armer Mann ein Huhn isst, ist der eine oder das andere krank. (Jüdisches Sprichwort)

33 Kleinbäuerliche Geflügelzucht

Bei uns romantisch, anderswo lebensnotwendig

In Entwicklungsländern leistet die traditionelle kleinbäuerliche Geflügelhaltung einen wichtigen Beitrag zur Sicherung des Lebensunterhalts. Die Aufzucht und Haltung von Hühnern erfordert nur geringe Investitionen. Hühner suchen sich einen Teil ihres Futters selbst, und es gibt bereits nach kurzer Zeit Erlöse aus dem Verkauf von Fleisch oder Eiern. Laut der Welternährungsorganisation FAO halten etwa 80 Prozent der ländlichen Haushalte in diesen Ländern Geflügel. Neben der Versorgung der eigenen Familie bietet der Verkauf von Geflügel und Geflügelprodukten (Fleisch, Eier und Mist als Dünger) ein zusätzliches Einkommen. Besonders in ärmeren Haushalten ist die Geflügelhaltung eine der wichtigsten Existenzgrundlagen und ein potenzieller Ansatzpunkt zur Armutsbekämpfung und zur Verbesserung der Lebensgrundlage dieser Haushalte. Oft spielt Geflügel auch eine soziale und kulturelle Rolle. Es dient als Geschenk oder wird im Rahmen traditioneller Feste geopfert und in der sozialen Gemeinschaft verzehrt. In Ländern mit einer Tradition im Hahnenkampf ist der Besitz von Kampfhähnen ein Statussymbol, und für herausragende Tiere können sehr hohe Preise erzielt werden.

Die Aufzucht und Haltung von Geflügel gehören zu den traditionellen Aufgaben der Frauen. Die Geflügelhaltung im oder am Haus ist mit Pflichten im Haushalt oder auch religiösen Normen gut vereinbar. So kann die Geflügelhaltung dazu beitragen, Frauen ein Einkommen und damit mehr Unabhängigkeit zu verschaffen. Allerdings haben Frauen oft einen schlechteren Zugang zu Krediten und anderen Ressourcen, die für eine Ausweitung der Geflügelhaltung nötig wären. Die Entwicklung besserer Vermarktungsstrukturen wie beispielsweise Schlachthäuser und Kühlungen sowie ein verbesserter Zugang zu Futtermitteln, angepassten Geflügelrassen und Know-how sollen die Einkommenssituation vieler Geflügelhalter verbessern.

Bei der Kinder- und Familienhilfe Namibia kann man im Projekt Helfende Henne (www.helfendehenne.de) Patenschaften für die Haltung von Hennen übernehmen und so das Anistémi College in Namibia unterstützen. Bei World Vision Deutschland e. V. und bei CARE Deutschland e. V. kann man mit einer Spende Hühner finanzieren.

34_ Hühner für den Weltmarkt
Wer profitiert vom globalisierten Geflügelmarkt?

Verbraucher in Europa bevorzugen die fettarme Hähnchenbrust, die ohne Knochen leicht zu verarbeiten ist und weniger an das Tier erinnert als die Extremitäten. Keulen und Flügel werden daher häufig als tiefgefrorene Ware exportiert. Unter den sechs Hauptabnehmern von Geflügelfleisch aus der EU lagen 2022 Ghana, die Demokratische Republik Kongo und Benin an zweiter, dritter und sechster Stelle. In Ghana stammten 2018 fast 80 Prozent des konsumierten Geflügelfleisches aus Importen. Die importierte Ware ist im Vergleich zu Hähnchen aus landeseigener Erzeugung erheblich billiger. Trotz des langen Transportweges und der erforderlichen Kühlkette kostet es weniger als die Hälfte.

Während dies für die Konsumenten für erfreulich niedrige Preise und ein sehr großes Angebot sorgt, setzen die günstigen Importe die landeseigene Geflügelbranche enorm unter Druck. Die kleinstrukturierte Erzeugung, Hindernisse bei der Beschaffung von leistungsstärkeren Tieren und Futter sowie fehlende Infrastruktur für die Vermarktung sorgen dafür, dass das heimische Geflügel nicht wettbewerbsfähig ist. Parallel zum Angebot des günstigen Importfleisches hat sich auch das Verbraucherverhalten im Land verändert. Küchenfertige Teilstücke werden stärker nachgefragt als ganze Schlachtkörper. Aufgrund fehlender Kühlmöglichkeiten wurde Geflügel auf den Märkten früher häufig lebend verkauft.

Während die Landespolitik mit Maßnahmen zum Technologietransfer versucht, die Kosten für die Geflügelhalter zu verringern und die Effizienz zu verbessern, haben die großen Geflügelnationen USA, Brasilien, Thailand und die EU den Absatzmarkt für ihre in den Heimatländern wenig gefragten Teilstücke im Blick. Teilweise findet auch das Fleisch der sogenannten Bruderhähne, für das es wegen der geringen Fleischmenge und weniger attraktiven Festigkeit kaum einen Markt in Europa gibt, so seinen Weg nach Afrika.

Allein in Europa fallen jährlich 3,1 Millionen Tonnen Federabfall aus der Geflügelindustrie an. Sie werden bisher entweder verbrannt oder zu Tierfutter mit geringem Nährwert verarbeitet. Die Industrie hat Federn als Rohstoff erkannt und erforscht den Einsatz beispielsweise in Kunststoffen. An der Burg Giebichenstein Kunsthochschule Halle wurden im Projekt HYNER Textilien aus Hühnerfedern entwickelt.

35 Vom Aussterben bedroht

… und warum das ein Problem ist

National und international wird vor dem Verlust genetischer Vielfalt bei Nutztieren gewarnt. Rassen, die heute vom Aussterben bedroht sind, können Eigenschaften haben, die zukünftig gebraucht werden. Sie sind das biologische Kapital, aus dem sich die Nutztiere der Zukunft (weiter-)entwickeln. Für die Welternährungsorganisation FAO sind tiergenetische Ressourcen von großer Bedeutung für eine nachhaltige ländliche Entwicklung. Neben der Funktion als Lebensmittellieferant haben alte lokale Rassen auch eine soziokulturelle Bedeutung.

In Deutschland liegt die Zucht und Erhaltung von Geflügelrassen nahezu ausschließlich in der Hand von Liebhabern und Hobbyzüchtern, die in Vereinen und Verbänden organisiert sind. Über den Bund Deutscher Rassegeflügelzüchter e. V. (BDRG) sowie die Gesellschaft zur Erhaltung alter und gefährdeter Haustierrassen e. V. (GEH) wurde in Zusammenarbeit mit dem Informationszentrum Biologische Vielfalt (IBV) die Zahl der Zuchttiere und Züchter heimischer Nutztierrassen (vor 1949 auf dem Gebiet der heutigen Bundesrepublik gezüchtet) erfasst und ihr Gefährdungsstatus bewertet. Die vom Fachbeirat Tiergenetische Ressourcen veröffentlichte Liste der einheimischen Geflügelrassen umfasst 33 Rassen, von denen sechs als extrem gefährdet gelten (Dominikaner, Krüper, Minorka, Andalusier, Bergische Kräher und Bergische Schlotterkämme), acht als stark gefährdet (Brakel, Deutsche Langschan, Augsburger, Deutsche Zwerg-Langschan, Plymouth Rocks, Sachsenhühner, Nackthalshühner und Ramelsloher) und weitere neun als gefährdet (Westfälische Totleger, Deutsche Sperber, Altsteirer, Thüringer Barthühner, Hamburger, Ostfriesische Möwen, Mechelner, Rheinländer und Barnevelder). Die beste Möglichkeit zum Erhalt alter Rassen ist ihre Nutzung: Mit der Weiterzucht dieser Rassen kann man also einen kleinen Beitrag zum Erhalt der genetischen Vielfalt leisten.

Die aktuelle Rote Liste der einheimischen Nutztierrassen in Deutschland findet sich auf der Internetseite der Zentralen Dokumentation Tiergenetischer Ressourcen in Deutschland (TGRDEU): www.tgrdeu.genres.de.

36 Hühner sind Kult(ur)

Geflügelrassen – vom Menschen geschaffen

Bei dem Begriff Kulturgut denkt man nicht sofort an Hühner. Aber Kulturgüter sind nicht nur Monumente und Ruinen. Sie sind verbunden mit vielfältigem Wissen, Erfahrungen, Lebensformen sowie kultureller und heimatlich-naturräumlicher Identität.

In der Rassegeflügelzucht haben sich Menschen organisiert, um Geflügel mit bestimmten Merkmalen planvoll zu züchten. Es wurden Zuchtziele (Rassebeschreibungen) festgelegt, Bewertungskriterien formuliert und ein wettbewerbliches Verfahren zur Auszeichnung hervorragender (Zucht-)Tiere etabliert. Dazu gehört die Ausbildung von Preisrichtern zur Bewertung der Tiere. Getragen wird dies alles durch regional verwurzelte Vereine, die im Kontakt mit ihren Mitgliedern den Austausch über Rassen, Zuchtpraktiken und Tierhaltung fördern. Die Ausstellungen sind ein wichtiges Element in der dezentralen Rassegeflügelzucht, um Tiere zu vergleichen und die »besseren« auszuzeichnen. Ein Antrieb für die zeit- und geldaufwendige Rassegeflügelzucht liegt in den Preisen und Auszeichnungen, die im Rahmen des Ausstellungswesens vergeben werden. Über lange Jahrzehnte haben Menschen so eine Vielzahl mannigfaltiger Rassen geformt, die sich durch ganz unterschiedliche Stärken auszeichnen. Manche davon werden heute wieder interessant (siehe Zweinutzungshuhn). Dieses ist insgesamt eine kulturelle Leistung.

Im Gegensatz dazu steht die wirtschaftliche Leistung der modernen Geflügelzucht, die in ihrer Struktur das Gegenteil der dezentralen Rassegeflügelzucht ist. Es gibt weltweit nur sehr wenige Unternehmen, die hoch spezialisierte Leistungslinien für unterschiedliche Ansprüche (Mast, Legeleistung) gezüchtet haben. Die Diversität der Geflügelrassen wird dadurch bedroht. Die Zucht der Elterntierherden und Erzeugung der Hybriden liegt in der Hand der Unternehmen, die diese Tiere an die Landwirte verkaufen, die damit Fleisch und Eier erzeugen.

Das Vorwerkhuhn wurde ab 1900 durch den Hamburger Kaufmann Oskar Vorwerk gezüchtet. Das etwas leichtere Lakenfelder Huhn mit schwarzem Kopf und Schwanz auf weißem Gefieder war die Grundlage. Gelbe Orpington-Hühner aus England und Ramelsloher steuerten Farbe und etwas mehr Masse bei. So wurde zielgerichtet eine neue Rasse geschaffen, die 1912 erstmals auf Ausstellungen gezeigt wurde.

37 Hühnerfarben

Hellbraun ist gelb und grau ist blau …

Die Hennen in der Wirtschaftsgeflügelhaltung kennt man in den Farben Braun oder Weiß. Aber Hühner gibt es in sehr viel mehr Farben und Farbzeichnungen, die in der Rassegeflügelzucht Farbschläge genannt werden. Sie bilden Untergruppen einer Rasse. Das bekannte Italiener-Huhn gibt es beispielsweise in 22 Farbschlägen. Es existieren aber auch Rassen, die es nur in einer Farbe oder Zeichnung gibt, wie das Vorwerkhuhn (goldbraun mit schwarzem Hals und Schwanzgefieder). Die Bezeichnung der Farben gilt (teilweise) rasseübergreifend.

Die genetisch angelegten Grundfarben der Hühner sind Schwarz und Gold, ein weißes Huhn ist sozusagen farblos. Biochemisch sind es die Farbpigmente Eumelanin und Phäomelanin, die Federn schwarz oder goldbraun färben. Durch unterschiedliche genetische Informationen werden die Farbpigmente in verschiedenen Körperregionen eingelagert, wie bei der Columbia-Zeichnung, die zu teilweise schwarzen Federn im Halsbereich sowie an den Flügelspitzen und schwarzem Schwanzgefieder führt (die hellen Hühner im Bild). Auch die Verteilung der Farbe in einzelnen Federn kann Muster wie Sprenkel, Tupfen oder Bänderung aufweisen. Die Grundfarben können in ihrer Intensität verändert, beispielsweise zu Chamois aufgehellt oder zu Rotbraun intensiviert werden.

Die genetischen Informationen liegen auf sechs verschiedenen Genen mit entsprechend vielfältigen Kombinationsmöglichkeiten. Einige Informationen sind dominant, andere werden nur sichtbar, wenn die Information von beiden Elternteilen mitgegeben wurde (rezessiv), manche Farbausprägungen sind an die Geschlechtschromosomen gebunden, weswegen Hähne oft (aber nicht immer) anders gezeichnet sind als Hennen. So entsteht die Vielzahl von mehr als 150 Farbschlägen. Die Wildform des Kammhuhns wird als wild- oder rebhuhnfarbig bezeichnet: Der Hahn hat goldfarbenes Hals- und Sattelgefieder, goldfarbene Schwingen, schwarze Brust- und Schwanzfedern. Die Hennen sind eher unauffällig grau-braun.

Wer sich näher mit der Farbvererbung beschäftigen möchte, dem sei der Kippen Kleuren Calculator (*Chicken Color Calculator*) empfohlen, den Henk Meijers programmiert und ins Internet gestellt hat – manches auch in englischer oder deutscher Sprache: www.kippenjungle.nl/Overzicht.htm.

38 Rassegeflügelzuchtverein

Diversität erhalten und Wissen weitergeben

1852 wurde der erste deutsche Geflügelzuchtverein durch Robert Oettel in Görlitz gegründet und fand sehr bald viele Nachahmer. Geflügelzucht war Mode. In den Vereinen organisierten sich in erster Linie Menschen, die ihren Lebensunterhalt nicht in der Landwirtschaft verdienten: Geschäftsleute, Akademiker und Industrielle widmeten sich mit großem Eifer der Einfuhr und der züchterischen Verbesserung von Hühnerrassen. Obwohl Schönheit und äußere Merkmale im Vordergrund standen, ging es auch darum, den Ertrag aus der Hühnerhaltung zu erhöhen, denn die heimische Hühnerhaltung konnte die Nachfrage nach Eiern bei Weitem nicht decken. Ebenso wichtig war der Austausch von praktischem Wissen rund um Haltung und Zucht sowie die Verbreitung des Wissens außerhalb der Geflügelzuchtvereine, besonders in die Landwirtschaft. Der Einkauf von Zuchttieren, häufig aus England und Frankreich, und der Austausch von Bruteiern dienten der Verbreitung der neuen Rassen. Der Görlitzer Geflügelzuchtverein (etwas scherzhaft von den Gründern Hühnerologischer Verein genannt) gab zwischen 1855 und 1878 insgesamt 68.745 Bruteier an interessierte Züchter ab.

Ein wichtiger Weg, die Öffentlichkeit für die Rassegeflügelzucht zu interessieren, waren und sind bis heute Geflügelausstellungen. Der Kontakt zur Landwirtschaft war anfangs schwierig, wurde aber institutionalisiert, nachdem auch der Staat den Sinn in der Förderung der Geflügelzucht erkannt hatte. Die Rassegeflügelzuchtvereine boten eine Struktur, über die auf Ausstellungen bis heute staatliche Preise vergeben werden. Oft waren es Vereinsmitglieder, die Geflügel-Zuchtstationen betreuten und Bruteier und Zuchttiere sowie das Wissen über die Haltung und Fütterung an die Landwirte abgaben. Faktisch sind es heute die Rassegeflügelzüchter mit ihrer Vereinsstruktur, die viele Rassen vor dem Aussterben bewahren.

Im Bund Deutscher Rassegeflügelzüchter (BDRG), der 1881 gegründet wurde, sind deutschlandweit mehr als 4.600 Rassegeflügelzuchtvereine mit ihren Mitgliedern organisiert. Der BDRG führt die gültigen Rassestandards, nach denen Ausstellungstiere bewertet werden, bietet Schulungen und pflegt ein umfangreiches Reglement. Er versteht sich auch als Lobbyorganisation für die Rassegeflügelzucht.

39___Geflügelausstellungen
Die Schönsten ihrer Art

Seit dem Aufkommen der Rassegeflügelzucht in der Mitte des 19. Jahrhunderts trafen sich Züchter mit ihren Tieren zu Ausstellungen. Damals wie heute geht es darum, die eigenen Hühner mit denen anderer Züchter zu vergleichen und die besten Tiere zu prämieren. Zur Bewertung der Tiere wird eine Art Idealbild jeder Rasse herangezogen: ein Rassestandard. In England wurde 1865 mit dem »British Poultry Standard« die weltweit erste Beschreibung für Geflügelrassen veröffentlicht. Der Amerikanische »Standard of Perfection« wurde 1874 herausgegeben. In Deutschland gab es um 1900 erste Handbücher für Preisrichter. Seit 2005 erscheint der deutsche Rassegeflügelstandard als der gültige Standard für Europa. Er bildet die Grundlage für die Bewertung von Geflügel (und Eiern) auf Ausstellungen, die von geschulten Preisrichtern vorgenommen wird.

Auf Ausstellungen in Deutschland werden reinrassige Tiere der Rassen und Farbschläge bewertet, die vom Bund Deutscher Rassegeflügelzüchter (BDRG) anerkannt sind und die einen Bundesring tragen. Diese Ringe können nur über Geflügelzuchtvereine bezogen werden und sind mit einer europaweit einmaligen Nummerierung versehen. Zur Bewertung werden die Hühner entweder einzeln nach Rassen und Geschlecht getrennt oder als Zuchtstamm mit einem Hahn und zwei Hennen in Ausstellungskäfigen gezeigt. Bevor die Ausstellung für Zuschauer und Besitzer geöffnet wird, nehmen Preisrichter die Bewertung der Tiere vor und schreiben die Note (von »ungenügend« bis »vorzüglich«) sowie Kommentare zu Vorzügen des Tieres, Wünsche hinsichtlich des Rassestandards und Fehler oder Mängel auf eine Bewertungskarte, die am Käfig befestigt wird. Für den Züchter sind dies wichtige Hinweise für die Auswahl der Zuchttiere. Für die besten Tiere werden Sach- und kleine Geldpreise vergeben. Züchter mit mehreren sehr guten Tieren wetteifern um besondere Auszeichnungen und Meisterschaften.

Die LIPSIA, die jährlich Ende November in Leipzig stattfindet, ist die größte Geflügel-ausstellung weltweit, auf der 2019 mehr als 45.000 Tiere gezeigt wurden.

40 Leistung und Schönheit

Günstige und robuste technische Lösung gesucht …

Anlässlich der Rassegeflügelausstellungen werden die Tiere nach ihrem äußeren Erscheinungsbild bewertet. Innere Werte wie die Legeleistung oder Fruchtbarkeit können so allerdings nicht berücksichtigt werden. Beim Geflügel ist die Erfassung der individuellen Leistungsdaten ungleich komplizierter als beispielsweise bei Milchkühen, weil die Hühner selbstständig ihre Eier legen und eben ein Ei dem anderen gleicht. Welches Ei von welcher Henne ist, kann man nicht ohne Weiteres zuordnen.

Trotzdem gibt es Züchter, die auf die Abstammung und Leistung ihrer Tiere Wert legen. Sie sind Mitglied im »Zuchtbuch für Leistungsfragen«. Hier gibt es drei »Qualitätsstufen« der Leistungserfassung: In der ersten Gruppe wird die Legeleistung der Hühnergruppe dokumentiert, sodass sich eine durchschnittliche Leistung jeder Henne ergibt. In der zweiten Gruppe wird zusätzlich erfasst, welche Henne die Mutter der Bruteier ist. Dazu werden Fallnester benutzt, in denen sich die Hennen selbst einsperren. Sie müssen nach dem Legen von Hand wieder freigelassen werden. Die Fußnummer der Henne wird mit Bleistift auf den Eiern notiert, die Eier werden nach Hennen getrennt ausgebrütet und die Küken nach dem Schlupf direkt mit kleinen Fußringen gekennzeichnet. So kann man die Abstammung nachvollziehen. In der dritten Gruppe wird die individuelle Legeleistung der Hennen während des ganzen Jahres dokumentiert. Für wissenschaftliche Zwecke oder die großen Zuchtunternehmen gibt es Legenester, die mit Chiplesern ausgestattet sind. Hennen tragen einen Mikrochip im Fußring, werden so identifiziert und die Eier automatisch gekennzeichnet. Für den Hobbybereich sind diese Nester leider unbezahlbar.

Auf den überregionalen Geflügelausstellungen gibt es Abteilungen für das Zuchtbuch. Hier werden Zuchtstämme aus einem Hahn mit zwei Hennen ausgestellt und neben der Note für die Schönheit auch die Leistungsdaten bewertet.

Am Wissenschaftlichen Geflügelhof des Bundes Deutscher Rassegeflügelzüchter in Rommerskirchen werden neben Forschungsprojekten zu Fragestellungen im Zusammenhang mit Rassegeflügel wieder Leistungsprüfungen alter Rassen durchgeführt. Besucher können den Wissenschaftlichen Geflügelhof mit seinen Tieren im Rahmen regelmäßiger Führungen kennenlernen: www.wissenschaftlicher-gefluegelhof.de.

41 Aufzucht von Rassetieren

Wer ausstellen will, muss planen

In der Rassegeflügelzucht werden Küken meistens in der Brutmaschine ausgebrütet. Das hat verschiedene Gründe: Normalerweise sollen die Küken zu bestimmten Terminen schlüpfen, zu denen im Verein Sammeltermine für Impfungen angeboten werden. So passgenau finden sich aber selten eine oder besser mehrere Glucken. Außerdem sollen die Küken relativ früh im Jahr schlüpfen, damit die Jungtiere bis zum Herbst, wenn die Geflügelausstellungen stattfinden, gut entwickelt sind. Als weiteren Grund kann man in der Brutmaschine gekennzeichnete Eier zum Schlupf voneinander trennen und so die Küken direkt mit kleinen Fußringen kennzeichnen und damit die Abstammung nachverfolgen. Das ist wichtig, wenn man Inzucht vermeiden will.

Ab einem Alter von sechs bis acht Wochen kann man bei den meisten Rassen das Geschlecht unterscheiden. Dann wird es Zeit, die sogenannten Bundesringe aufzuziehen, denn später bekommt man sie nicht mehr über das Zehengelenk gestreift. Bundesringe bekommt man ausschließlich über einen Rassegeflügelzuchtverein. Sie sind mit einer europaweit einmaligen Ziffernkombination versehen und damit eine individuelle Kennzeichnung. Nur mit einem solchen Ring am Fuß können Hühner auf einer Rassegeflügelschau ausgestellt werden. Voraussetzung für die Teilnahme an Ausstellungen ist auch die wirksame Impfung gegen die Newcastle-Krankheit, die für alle Hühner Pflicht ist. Für die Ausstellungen benötigt man eine Bescheinigung des Tierarztes. Auch hier hilft der Geflügelzuchtverein bei der Organisation.

Für eine gute Aufzucht ist es empfehlenswert, Hähne und Hennen zu trennen. Hähne wachsen schneller und benötigen dafür energie- und eiweißreicheres Futter. Ohne Hennen in der Gruppe bleiben sie meist ruhiger und kämpfen weniger oder später. Hennen sollen sich dagegen langsam entwickeln können, damit sie nicht zu früh mit dem Eierlegen beginnen, wenn ihr Skelett noch nicht ausgereift ist.

Don't count your chicken before they hatch. (Englisches Sprichwort, Man soll den Tag nicht vor dem Abend loben.)

42 Von singenden Hähnen

… und der ältesten deutschen Huhnerrasse

Heute wird die Mehrzahl der Hühner in Deutschland und auch weltweit zur Fleisch- und Eiererzeugung gehalten. Historisch waren und sind Menschen auch heutzutage an weiteren Eigenschaften interessiert: Das farbenfrohe Aussehen und das typische Krähen waren vermutlich Anlass für die Verwendung von Geflügel in Zeremonien und für religiöse Zwecke. Aber auch als Statussymbol und für den Zeitvertreib wurden Hühner schon vor mehr als 2.000 Jahren genutzt, wie die frühe Erwähnung von Kampfhühnern (beispielsweise in China 500 Jahre vor unserer Zeitrechnung) und die Herausbildung solcher Rassen zeigt. Fast ebenso lange werden Hähne gezüchtet, die besonders lange krähen. Der normale Krähruf eines Hahns dauert etwa zwei bis vier Sekunden. Langkräher dehnen einen Krähruf auf mehr als 15 und bis zu 60 Sekunden aus. Liebhaber sprechen daher vom Gesang der Langkräher. Ein Krähruf besteht normalerweise aus vier »Silben« (ki-ker-i-kih). Meist wird von Langkrähern die vierte Silbe gedehnt. Eine Tradition haben Langkräher in Japan, wo sie, wie genetische Studien ergeben haben, aus den dortigen Shamo-Kampfhühnern hervorgingen. Weitere Langkräher haben sich in verschiedenen Teilen der Welt unabhängig voneinander entwickelt. Sie unterscheiden sich in der Ruflänge, der Stimmlage oder dem Verlauf ihrer Krährufe.

Als älteste Geflügelrasse Deutschlands gelten die Bergischen Kräher. Einer Legende zufolge wurden sie um 1190 durch den Grafen von Berg auf dem Rückweg von einem Kreuzzug ins Bergische Land gebracht, weil der lang gezogene Krähruf ihn und sein Gefolge vor Gefahr gewarnt hatte. Genetisch nahe Verwandte sind die Bosnischen Kräher, wogegen die aus der Türkei stammenden Denizli-Hähne einen anderen Ursprung haben. Zum Erhalt der Denizli-Kräher unterhält die türkische Regierung eine Zuchtstation, in der die Zuchttiere nach der Qualität ihres Gesangs für die Zucht ausgewählt werden.

Das Bild zeigt einen Denizli-Kräher. Beispiele für die unterschiedlichen Hahnengesänge finden sich im Internet unter dem Stichwort »Langkräher«.

43 _Kampfhühner

Einige sind besser als ihr Ruf

Die Begeisterung der Menschen für den Hahnenkampf seit frühester Zeit der Domestikation in ganz unterschiedlichen Formen hat zur Herausbildung spezifischer Rassen geführt. Von sehr kleinen, agilen Hähnen bis zu massigen, bedrohlich wirkenden Tieren gibt es viele Kampfhuhnrassen, die auch nach dem Verbot der Hahnenkämpfe mit ihren besonderen Eigenschaften erhalten werden. Weil sie stark und schnell sein mussten, sind Kämpfer in der Regel sehr muskulöse Tiere. Darum haben unsere heutigen Grillhähnchen einen erheblichen Anteil Kämpferblut in ihren Genen.

Kampfhühner zeichnen sich oft dadurch aus, dass sie bei guter Pflege eine enge Bindung mit Menschen eingehen. Das stolze, selbstbewusste Erscheinungsbild und ihre Eleganz sind Eigenschaften, die diese Tiere auch ohne den zweifelhaften (und in Europa fast überall verbotenen) Zweck des Hahnenkampfes attraktiv machen. Die Hennen brüten in der Regel zuverlässig, sind fürsorgende Mütter und beschützen ihre Küken sehr gut. Die Hähne bewachen ihre Gruppe und verteidigen sie auch gegen Greifvögel.

Allerdings ist die Haltung bei einigen Rassen nicht einfach, besonders, weil Hähne im Erwachsenenalter dazu neigen, sich zu bekämpfen. Die Hähne der großen Shamos erreichen ein Gewicht von mehr als fünf Kilogramm und werden mit ihrer aufrechten Haltung und dem langen Hals bis zu 85 Zentimeter groß. Durch ihre Größe und einen finsteren Gesichtsausdruck sind sie eine imponierende Erscheinung.

Manche Kämpferrassen wie der Moderne Englische Zwergkämpfer gelten allerdings als ausgesprochene Anfängerrasse. Als Zwerghühner erreichen die Hähne ein Gewicht von etwa 500 Gramm. Sie sind sehr zutraulich und sanftmütig, lassen sich auf den Arm nehmen und spielen regelrecht. Es gibt sie in vielen Farbschlägen, und das Aussehen ist, wenn man normale Hühner zum Vergleich nimmt, außergewöhnlich. Die Rasse wurde erst nach dem Verbot der Hahnenkämpfe in England (1849) gezüchtet.

Altenglische Zwergkämpfer, hier im Farbschlag birkenfarbig, gelten als sehr zutraulich. Hühner dieser Rasse wurden nie zum Hahnenkampf eingesetzt: Die Rasse entstand erst nach dem Verbot des Hahnenkampfes in England. Der einzige Wettbewerb ist die Ausstellung.

44__Seidenhühner

Hühner mit Fell?

Seidenhühner zählen zu den ältesten Geflügelrassen. Chinesische Quellen aus dem 6. Jahrhundert verweisen schon auf diese Hühner, die sich in verschiedenen Merkmalen von anderen Hühnern unterscheiden: Namensgebend sind die Federn. Ihnen fehlen die Hakenstrahlen, die normalerweise den stabilen Verbund der Nebenäste sicherstellen. Außerdem sind die Federschäfte sehr weich. Dadurch hat das Gefieder eine Struktur, die eher an Fell erinnert und nicht zum Fliegen geeignet ist.

Die vermutlich aus China (oder Japan, hier ist man sich unsicher) stammenden Seidenhühner haben schwarze Haut, Knochen und Organe. Im Chinesischen heißen Seidenhühner *»wu gu ji«* – Hühner mit schwarzen Knochen. In der Traditionellen Chinesischen Medizin werden ihnen als Nahrungsmittel viele positive Wirkungen zugeschrieben. Tatsächlich haben Forschungen gezeigt, dass das Fleisch der Seidenhühner etwa doppelt so viel Carnosin enthält wie das moderner Fleischhähnchen. Carnosin wirkt antioxidativ und steht im Zusammenhang mit verschiedenen Körperfunktionen. Anti-Aging-Effekte werden untersucht, es gibt bisher aber keine aussagekräftigen Ergebnisse.

Weitere besondere Merkmale der Seidenhühner sind die zusätzliche fünfte Zehe sowie die befiederten Beine. Die Gesichtshaut sowie der eher kurze und breite Rosenkamm sind dunkel-maulbeerfarben, die hellen Ohrscheiben leuchten durch die dunkle Pigmentierung der Haut türkisfarben. Die selteneren Siamoiochen Zwerg-Seidenhühner haben allerdings eine helle Haut.

Seidenhühner sind für ihr ruhiges Verhalten und ihr friedliches Wesen bekannt. Sie können zahm werden, sind dann sehr anhänglich und lassen sich auf den Arm nehmen und streicheln. Sie sind keine besonders fleißigen Eierleger (80 bis 100 Eier pro Jahr), kommen aber leicht und häufig in Brutstimmung. Oft werden ihnen Bruteier anderer Rassen anvertraut, die sie dann zuverlässig ausbrüten.

Die genetische Veränderung, die zur Fibromelanosis, also zur Schwarzfärbung von Haut und weiterem Gewebe, führt, trat vermutlich bereits vor 6.600 bis 9.100 Jahren bei den wilden Vorfahren der Haushühner auf und wurde durch den Einfluss der Menschen auf die Auswahl der Zuchttiere in diesen Rassen gefestigt.

45 Haubenhühner

Puschelköpfe mit langer Tradition

Zu den Hühnerrassen mit »Sonderausstattung« gehören die Haubenhühner. Prominente Vertreter mit einer nachweislich sehr langen Geschichte sind die Holländischen Weißhauben. Im Englischen werden sie »*White Crested Polish*« genannt. Die Namensgebung hat allerdings nichts mit einer Herkunft aus Polen zu tun, sondern vermutlich mit dem niederländischen Begriff »*pol*«, der einen großen Kopf bezeichnet. Alternativ könnte auch der Federbusch auf dem Helm polnischer Soldaten Pate gestanden haben.

Auffälligstes Merkmal ist die Federhaube auf dem Kopf, die bei den Hähnen einen sehr kleinen, v-förmig geteilten Kamm verdeckt. Sie wächst auf einer knöchernen Vorwölbung (Protuberanz) des Schädelknochens. Nachweise für historische Haubenhühner gibt es einerseits auf Gemälden italienischer und niederländischer Maler aus dem 15. und 16. Jahrhundert. Andererseits gibt es Funde von Hühnerschädeln mit der charakteristischen Vorwölbung in Fundstellen aus römischer Zeit in England.

Haubenhühner waren als gute Legehennen und vermutlich auch wegen des besonderen Aussehens beliebt. Den Hühnern wird anekdotisch eine verminderte Intelligenz und Anfälligkeit nachgesagt. Belastbare Daten dazu fehlen allerdings. Eine Erklärung für schreckhaftes Verhalten kann auch in der Sichtbehinderung durch die Federhaube liegen, die aus diesem Grund vorsichtig beschnitten werden sollte, wenn sie stört. In Studien wurde jedoch nachgewiesen, dass sich die Anatomie der Gehirne von Haubenhühnern deutlich von anderen Hühnern unterscheidet. Die knöcherne Vorwölbung des Schädels weist Löcher auf, sodass das darunterliegende Gehirn weniger gut geschützt ist. Dies könnte ein Risiko für Schädelverletzungen sein. Die Federhauben selbst erfordern eine gewisse Aufmerksamkeit, weil sie einerseits beliebte Aufenthaltsorte von Parasiten sind und weil nasse Federhauben zum Federpicken animieren können.

Wie für viele andere Merkmale ist der genetische Code für die Federhaube beim Huhn bekannt. Eine zufällige Mutation hat zu einer Verdopplung von 195 Basenpaaren der DNA im Chromosom 33 geführt. Den Menschen hat es gefallen, und sie haben solche Hühner bevorzugt miteinander verpaart. Diese Veränderung findet sich auch bei anderen Hühnerrassen mit Haube, wie den Paduanern.

46 Kleine Hühner ganz groß

Dekorativ und manchmal sehr leistungsstark

Viele Hühnerrassen gibt es auch in einer kleineren Version: als Zwerghuhn. Die Zwerge wiegen meist nur ein Drittel der entsprechenden Großrasse. Je nach Rasse wiegen sie nur ein paar hundert Gramm (Serama, 500 Gramm), können aber auch bis zu 1,7 oder 1,8 Kilogramm schwer werden (Zwerg-Brahma und Zwerg-Malaien). Hier sind die Großrassen besonders schwer.

Viele dieser Rassen sind um oder nach der Industrialisierung entstanden, um auch bei begrenztem Platz- und Futterangebot Hühner halten zu können. Aufgrund der Futterknappheit waren sie während des Ersten Weltkriegs beliebt. Einige Zwergrassen sind ausgesprochene Legerassen: Zwerg-Welsumer legen um die 180 Eier mit einem Gewicht von etwa 47 Gramm im ersten Jahr. Die entsprechende Großrasse bringt es auf etwa 160 Eier mit jeweils 65 Gramm Gewicht. Andere verzwergte Rassen mit guter Legeleistung sind Zwerg-New-Hampshire, Zwerg-Rheinländer und Zwerg-Sundheimer. Weit verbreitet sind auch die Deutschen Zwerg-Wyandotten, die in 29 verschiedenen Farbschlägen gezüchtet werden.

Neben den leistungsbetonten Rassen haben Menschen schon seit frühester Zeit besonders kleine Hühner zu dekorativen Zwecken gezüchtet. Ein Beispiel sind die Zwerg-Cochin, die als Lieblingshühner des chinesischen Kaisers nur in den kaiserlichen Gärten gehalten wurden. Andere alte Zwerghuhnrassen, die als Urzwerge gelten, weil es kein großes Pendant gibt, sind die Chabo aus Japan, die Bantam, die aus Java den Weg über England nach Deutschland gefunden haben oder die aus England stammenden Sebright. Viele Zwerge sind wegen ihres zutraulichen Wesens und der schönen Gefiederzeichnung beliebt. Dazu zählen die Federfüßigen Zwerghühner, die es in 26 Farbschlägen gibt, und auch die Modernen Englischen Zwerg-Kämpfer, die nie für den Hahnenkampf genutzt wurden. Für kleine Gärten sind Zwerghühner eine gute Alternative und insgesamt weiter verbreitet als die großen Rassehühner.

Zwerg-Rheinländer sind die kleine Form des Rheinländer Huhns, einer Landhuhnrasse aus der Eifel. Sie gelten als lebhafte und zutrauliche Hühner mit einer guten Legeleistung von etwa 160 weißen Eiern, die um die 40 Gramm auf die Waage bringen. Und das, obwohl die Hühner mit rund 800 Gramm Gewicht zu den leichteren Zwerghuhnrassen gehören.

47 Araucanas

Die Sonderlinge aus Südamerika

Beliebt sind die Araucanas vor allem wegen ihrer türkisfarbenen Eier. Sie sind auch in ihrer äußeren Erscheinung etwas Besonderes. Sowohl den Hennen als auch den Hähnen fehlen nicht nur das Schwanzgefieder, sondern auch die letzten Schwanzwirbel und die Bürzeldrüse. Dafür haben sie im Gesicht mehr Federn als viele andere Hühner: Manche tragen einen Bart aus Federn und einige zusätzlich Federbommeln über den Ohren.

Der Ursprung der Rasse liegt bei den Mapuche, einem indigenen Volk in Chile und Argentinien, wo sie um 1880 die Aufmerksamkeit des südamerikanischen Züchters Ruben Bustros erregten. Sie wurden schließlich 1921 durch Salvador Castello Carreras anlässlich des World Poultry Congress in Den Haag vorgestellt.

Die typischen Eigenschaften der Araucanas waren bei den Mapuche ursprünglich in zwei unterschiedlichen Rassen vertreten: den Collancas, die blauschalige Eier legten und die keinen Schwanz hatten, und den Quetros, die braune Eier legten, einen Schwanz hatten und ungewöhnliche Federn über den Ohren aufwiesen. Die Araucanas sind das Ergebnis der Kreuzung beider Ausgangsrassen.

Die als Bommeln bezeichneten Federquasten auf einer Hautfalte anstelle der Ohrlappen gibt es nur bei den Araucanas beziehungsweise den Quetros, die als Rasse aber nicht erhalten sind. Dieses Merkmal konnte und kann ausschließlich durch sehr sorgsame Zucht in einer Population erhalten bleiben. Offenbar war es eine zufällige Mutation, die von den Mapuche gezielt gezüchtet wurde. Tiere, die das Gen für die Federbommeln (englisch *ear tuft*, Et) reinerbig tragen, sterben gegen Ende der Brut im Ei. Nur eine gezielte Paarung von Elterntieren, von denen ein Partner dieses Gen nicht trägt, führt zu überlebensfähiger Nachzucht und kann das Gen in der Population erhalten. Mischerbige Tiere entwickeln meistens (aber nicht immer) die gewünschten Bommeln (unvollständige Dominanz) und werden für die Zucht eingesetzt.

Schwanzlose Hühner, denen durch eine Mutation der letzte Schwanzwirbel fehlt, waren schon im 17. Jahrhundert als Gallus ex Persia bekannt. Angeblich von Europäern nach Südamerika gebracht, waren sie bei den Mapuche beliebt, weil sie durch den fehlenden Schwanz weniger leicht zur Beute wurden.

48__Nackthalshühner

Ungewöhnliches Erscheinungsbild mit Zusatznutzen

Manchmal werden sie aufgrund äußerlicher Ähnlichkeiten fälschlicherweise als Kreuzungen zwischen Huhn und Pute beschrieben. Es sind aber Hühner. Puten und Hühner können keine gemeinsamen Nachkommen zeugen. Eine kleine Veränderung im Genom (Mutation) sorgt dafür, dass diese Hühner am Hals und um die Kloake gar keine Federn bilden und auch sonst am Körper deutlich weniger Federn tragen. Einige Quellen verorten das erste Auftreten der Mutation vor einigen hundert Jahren in Nordrumänien, andere verweisen auf sehr frühe Darstellungen nackthalsiger Hühner in japanischen Gemälden. Züchterisch wurden Nackthalshühner besonders in Deutschland gepflegt und fanden von hier den Weg nach ganz Europa, Afrika und in die USA. Im Ersten Weltkrieg wurden Nackthalshühner von deutschen Truppen nach Afrika gebracht, wo sie trotz Hitze und hoher Luftfeuchtigkeit Fleisch und Eier für die Soldaten lieferten.

Nackthalshühner sind eine vom Bund Deutscher Rassegeflügelzüchter (BDRG) anerkannte Rasse und werden in der zentralen Dokumentation tiergenetischer Ressourcen in Deutschland als stark gefährdet eingestuft. In Frankreich wurde nach 1945 aus Kreuzungen mit französischen Gâtinaise-Hühnern das Cou nu du Forez als robustes Fleischhuhn gezüchtet.

Der genetische Code für den nackten Hals kann reinerbig (homozygot) oder mischerbig (heterozygot) vorliegen. Der Erbgang ist unvollständig dominant, weswegen auch die heterozygoten Tiere einen weitgehend nackten Hals haben, nur eben nicht vollständig: Sie tragen eine »Krawatte«, ein kleines Federbüschel am Hals.

Weil Hühner keine Schweißdrüsen haben und auch über die Lunge nur begrenzt Körperwärme abgeben können, trägt das reduzierte Gefieder erheblich zur besseren Thermoregulation bei. In tropischen Regionen wachsen Nackthalshühner schneller, sind robuster und legen mehr Eier als vollständig befiederte Hühner.

In Amerika schätzt man den geringeren Aufwand beim Rupfen der Nackthalshühner –
immerhin bis zu 40 Prozent weniger Federn. In Frankreich lobt man die gute Fleischqualität
und in den tropischen Regionen der Welt die Toleranz gegen Hitze.

49__ Schwarz wie die Nacht

Ungewöhnliches Superfood

Geflügelfleisch wird in Abgrenzung zu Rind- und Schweinefleisch häufig als weißes (und darum gesünderes) Fleisch bezeichnet. Aber es gibt einige seltene Geflügelrassen, die ganz im Gegenteil vollkommen schwarz sind: Sie haben schwarze Haut, schwarze Knochen und sehr dunkles Fleisch. Die Ursache ist eine Hyperpigmentierung (Fibromelanosis), die auf eine Veränderung in einer genetischen Information zur Ausbildung der Pigmentzellen in der Haut zurückgeht. Diese Veränderung im Erbgut ist offenbar bereits lange vor der Domestikation der Hühner entstanden und hat keine negativen Folgen für die Tiere. In der Obhut der Menschen wurde dieses besondere Merkmal dann wertgeschätzt und solche Hühner gezielt vermehrt, sodass sich Rassen entwickelt haben. Hühner mit schwarzem Fleisch werden in der chinesischen Medizin seit weit über 1.000 Jahren als Heilmittel verwendet. Ihr Fleisch gilt als »Superfood« mit stärkender Wirkung auf das Chi und die Yin-Kräfte. Es wird bei Blutarmut ebenso eingesetzt wie bei Durchfall aufgrund von Milz- und Magenschwäche und durch Osteoporose verursachte Gelenk- und Muskelschmerzen. Es gilt als eines der wichtigsten Anti-Aging-Lebensmittel für Frauen.

Die in Europa am weitesten verbreitete Rasse schwarzhäutiger und -fleischiger Hühner sind die aus China stammenden Seidenhühner. Eine Rasse, die in den letzten Jahren viele Liebhaber gefunden hat, sind die Ayam Cemani, die durch ihr komplett schwarzes Gefieder mit starkem Glanz und ebenso schwarzen Kamm, Gesicht und Beine auffallen. Die Rasse hat ihren Ursprung in Indonesien. In Indien ist das Kadaknath-Huhn beheimatet, das auch *Kali Masi* (schwarzer Vogel) genannt wird. Die Rasse hat in den vergangenen Jahren mit Unterstützung der Regierung an Popularität gewonnen. Die Hühner werden wegen des aromatischen Fleisches geschätzt, dem auch einige gesundheitsfördernde Eigenschaften nachgesagt werden.

Interessanterweise finden sich Hinweise auf die Verwendungen schwarzfleischiger Hühner als Medizin auch bei den Maya in Mittelamerika. Carl Johannessen von der University of Oregon wertet dies als Beleg für die Einfuhr von Hühnern aus China nach Mittelamerika bereits vor der Ankunft des Christoph Kolumbus. Diese Frage wird unter Historikern kontrovers diskutiert.

50 Die heiße Hühnerbrühe

Alte Tradition vielleicht doch wirksam?

Hühnerbrühe gilt seit Urzeiten als ein Allheilmittel bei Erkältungskrankheiten, Schwächezuständen und Verdauungsproblemen. Bereits vor 3.000 Jahren wurde die medizinische Wirkung von persischen Ärzten beschrieben. Ulisse Aldrovandi (1522–1605), italienischer Naturforscher der Renaissance, widmete weite Teile seines Werkes über Hühner ihren medizinischen Vorzügen und stützte sich dabei auf Berichte von Hippokrates, Plinius und Dioscorides. Die jüdische Tradition der bei Erkältung heilsamen Hühnersuppe (sie wird auch jüdisches Penizillin genannt) geht auf den ägyptisch-jüdischen Arzt und Philosophen Maimonides zurück, der im 12. Jahrhundert in seinem Werk ihre heilende Wirkung beschrieb.

Wissenschaftler haben im Reagenzglas eine schwache entzündungshemmende Wirkung nachgewiesen. Auch die wohltuende Wirkung von heißer Geflügelbrühe im Vergleich zu Tee oder kaltem Wasser bei Schnupfen wurde in Versuchen bestätigt. Ein nicht unwesentlicher Faktor liegt vermutlich auf der psychologischen Ebene, indem der Geschmack und Geruch von Hühnerbrühe mit persönlicher Zuwendung und Geborgenheit assoziiert wird. Auch das hat eine heilungsunterstützende Wirkung.

Der im Hühnerfleisch enthaltenen Aminosäure Cystein wird ebenso eine vorteilhafte Wirkung nachgesagt wie dem in der Hühnerhaut reichlich vorhandenen Zink und dem Kalzium aus den Knochen. Den alten wie den jüngeren Rezepten ist gemeinsam, dass das Fleisch (meist von älteren Tieren) sehr lange gekocht wird. Mindestens, bis es vom Knochen fällt. Aber auch übliche Gemüsezusätze wie Sellerie, Möhren und Petersilie sind für ihre gesundheitsfördernde Wirkung bekannt. Interessanterweise zeigten Gemüsekomponenten im Versuch im Gegensatz zum Hühnerfleisch eine leicht zellschädigende Wirkung, die jedoch in der Hühnerbrühe nicht mehr feststellbar war. Ist auch hier das Ganze mehr als die Summe seiner Teile?

Während meines Studiums in den 1990er Jahren haben wir dumme Scherze darüber gemacht, dass Hühnerbrühe deswegen gegen alle möglichen Wehwehchen hilft, weil die Masthühnchen so viele Antibiotika erhalten. Das ist natürlich Blödsinn, denn zum Zeitpunkt der Schlachtung gibt es im Fleisch keine solchen Rückstände mehr.

51_Coq au Vin
Kulinarische Wertschätzung mit Tradition

»Le coq est mort, le coq est mort! Il ne peut plus chanter, kokodi, kokoda. Cococoques, kokoda!« (französischer Kinderreim).

Nach einem beliebten französischen Rezept wird der Hahn zu einer kulinarischen Spezialität, wenn man ihn sorgsam zerteilt und mit Gemüse und Würzkräutern (vor allem Knoblauch) langsam in Rotwein gar schmort. Mehrere französische Regionen beanspruchen die Urheberschaft des französischen Nationalgerichts. In der Auvergne wird eine Legende zum Ursprung des Rezepts bemüht, die es unmittelbar mit der gallisch-römischen Geschichte und der Region verknüpft. Während der Belagerung von Gergovia (52 vor Christus) durch die Römer ließ der Anführer der Arverner, Vercingetorix, einen mageren, kämpferischen und aggressiven Hahn an Julius Cäsar liefern, um die Entschlossenheit der Gallier zu demonstrieren und den Römer zu verspotten. Doch Cäsar zahlte mit gleicher Münze zurück: Als in einer Kampfpause Vercingetorix zu Verhandlungen über ein militärisches Bündnis zu Julius Cäsar geladen wurde, ließ dieser ihm seinen in Wein geschmorten Hahn servieren. Die Schlacht um Gergovia gewannen die Gallier – um allerdings im Spätsommer des Jahres in der Schlacht von Alesia endgültig zu unterliegen, nach der ganz Gallien von den Römern besetzt wurde. Ganz Gallien …?

Zurück zum Coq au Vin: Selbstverständlich kann man das Rezept nicht nur mit Hähnen, sondern auch mit Hennen zubereiten. Wenn man allerdings einen möglicherweise auch schon etwas älteren Hahn der Küche zuführen möchte, ist Coq au Vin eine ideale Zubereitung. Glaubt man dem Sprichwort, so wird ein guter Hahn nicht fett (weil er viel mit der Bewachung und Begattung seiner Hennen zu tun hat). Sein Fleisch ist darum eher trocken und auch recht fest. Zum Kurzbraten ist es nicht geeignet. Durch die Säure im Wein und das lange Schmoren wird auch das Fleisch eines älteren Hahns weich und mürbe und zu einem besonderen Genuss.

Neben dem zerlegten Hahn (Ober- und Unterschenkel, Flügel und Brust auf dem Knochen) benötigt man Zwiebeln, Knoblauchzehen, Speckwürfel, Suppengemüse, Champignons, ein Glas Cognac, Kräuter und natürlich trockenen Rotwein. Nach dem Anbraten die Fleischteile schrittweise mit Wein ablöschen und eine Stunde garen. Dann Speck, Zwiebeln und Pilze hinzufügen und weitere 45 Minuten schmoren.

52 _Der Halve Hahn

Alles Käse

Wenn über den halben Hahn gesprochen wird oder genauer über den »Halve Hahn«, geht es zwar ums Essen, aber Geflügel ist völlig unbeteiligt. In Kölner Brauhäusern steht dieses typische Gericht auf der Speisekarte und in geringfügig anderer Ausprägung wohl auch in Düsseldorf. Serviert wird ein (halbes) Roggenbrötchen (Röggelchen) mit Gouda, Zwiebeln, Gewürzgurke und Senf. In Düsseldorf gibt es Mainzer Handkäs dazu.

Über die Herkunft des ungewöhnlichen Ausdrucks gibt es verschiedene Geschichten, die alle mehr oder weniger wahr sein können. Sie reichen von einem Scherz mit Geburtstagsgästen, denen eben Käsebrötchen statt Grillhähnchen serviert wurden, über die Sparversion eines Hochzeitsessens bis zu sprachlichen Wurzeln im rheinländischen Dialekt. Ob aus Sparsamkeit oder mangelndem Appetit soll ein Gast angesichts eines ganzen Brötchens mit Käse ausgerufen haben: »Ääver isch will doch bloß ne halve han« (»Aber ich möchte doch bloß ein halbes haben«) – womit das neue Gericht kreiert war. Dazu muss man wissen, dass das Röggelchen in Köln traditionell ein Doppelbrötchen ist, also aus zwei seitlich zusammengebackenen Brötchen besteht. Ein halbes Röggelchen entspricht also einem normalen Brötchen.

Wo heute der Gouda als Belag aufs Brötchen kommt, war es in früheren Zeiten wohl der Handkäs. Im Gegensatz zum Gouda wird dieser aus Magerquark oder Sauermilch hergestellt, nicht aus vollfetter Milch. Darum war es ein günstiges Essen, was zum halben Brötchen passt. Der Hahn könnte also vom Wort Handkäs abgeleitet und so aus dem halben Brötchen mit Handkäs in einer Verkürzung der Halve Hahn geworden sein.

Die naheliegende Verwechslung mit einem halben Brathähnchen durch unwissende Zugereiste und daraus resultierende Streitigkeiten dienen gelegentlich als Praxisbeispiel zur vertragsrechtlichen Bewertung eines Inhaltsirrtums im Jurastudium.

Echte Hähne (und Hühner) kann man in Köln beispielsweise im Zoo auf dem Clemenshof (www.koelnerzoo.de), in Rolf's Streichelzoo (www.streichelzoo-koeln.de) und im Linden-thaler Tierpark (www.lindenthaler-tierpark.de) bewundern.

53 Eier als Lebensmittel

Ein beeindruckendes Nährstoffprofil

Ein Ei liefert ungefähr 80 Kilokalorien an Energie, die überwiegend aus Fettsäuren und Proteinen stammt. Das Ei enthält nur etwa ein Prozent Kohlenhydrate, aber zwölf Prozent Eiweiß und elf Prozent Fett. Der Großteil ist Wasser. Hühnereier sind ein sehr hochwertiges Nahrungsmittel, weil sie essenzielle Aminosäuren (Eiweißbausteine) und Fettsäuren enthalten. Essenzielle Nährstoffe sind für verschiedene Vorgänge im Körper zwingend erforderlich, können aber nicht selbst gebildet werden.

Ein 60 Gramm schweres Hühnerei deckt zu 40 Prozent den täglichen Bedarf an den essenziellen Aminosäuren Methionin und Cystein, zu 54 Prozent den Bedarf an Lysin und zu 65 Prozent den Threoninbedarf. Neben den Aminosäuren gibt es auch essenzielle Fettsäuren, die besonders im Eidotter enthalten sind. Viel Aufmerksamkeit gilt den Omega-3-Fettsäuren, seit bekannt ist, dass das Verhältnis von Omega-6- zu Omega-3-Fettsäuren (beide sind mehrfach ungesättigt und essenziell) zwischen 5:1 und 10:1 liegen sollte. Es soll also nicht mehr als zehnmal so viel Omega-6 wie Omega-3 in der Nahrung sein. Viele unserer Lebensmittel enthalten mehr Omega-6-Fettsäuren. Produkte mit viel Omega-3 gelten als gesünder: Sie helfen, das Verhältnis der Fettsäuren in der aufgenommenen Nahrung zu optimieren. Der Anteil der Omega-3-Fettsäuren im Ei wird durch das Futter beeinflusst. Frisches Gras, Klee und Luzerne bieten viele Omega-3-Fettsäuren. Darum legen Hühner mit Auslauf auf grünen Weiden Eier mit höheren Gehalten an essenziellen Fettsäuren.

Das Cholesterin im Ei kann kaum durch die Fütterung beeinflusst werden, weil es für die Entwicklung der Küken zwingend benötigt wird. Die Bedeutung des Nahrungscholesterins für den Menschen wird mittlerweile aber weniger kritisch bewertet. Der Verzehr von einem Ei pro Tag (oder sechs Eiern in der Woche nach manchen Empfehlungen) gilt als unkritisch.

Seit 1950 wird der 3. Juni jeden Jahres in den USA als der »National Egg Day« gefeiert, um eines der vielseitigsten und nahrhaftesten Lebensmittel zu würdigen. Der »World Egg Day« wurde 1996 in Wien ins Leben gerufen und wird jedes Jahr am zweiten Freitag im Oktober begangen.

54 Haltbarkeit von Eiern
Wertvolle Nährstoffe in natürlicher Verpackung

Hühnereier sind die einzigen Lebensmittel tierischen Ursprungs, die unverarbeitet und unverpackt ohne Kühlung für einen längeren Zeitraum gelagert werden können. Das liegt daran, dass das Huhn selbst den wertvollen Inhalt mit einer erstklassigen Verpackung ausgestattet hat. Die Kalkschale ist vergleichsweise stabil und vollständig biologisch abbaubar. Der besondere Clou liegt jedoch in der Kutikula, der sehr dünnen äußeren Schicht, die keinen Kalk aber dafür viele Eiweißbausteine enthält. Sie wird kurz vor der Eiablage gebildet und verschließt die bis zu 10.000 Poren der Eierschale. Viele Proteine in der Kutikula haben eine antimikrobielle Wirkung. Einige können sich an die äußere Umhüllung von Bakterien anheften und sie dann so von der Schalenhaut ablösen. In Studien konnte gezeigt werden, dass Eier ohne die Schutzschicht der Kutikula deutlich stärkeren Bakterienbefall mit Escherichia Coli oder Salmonellen aufwiesen.

Die Kutikula kann durch Waschen beschädigt oder entfernt werden. Aus diesem Grund ist in der Europäischen Union das Waschen von Eiern der Güteklasse A verboten. Erst ab dem 18. Tag nach dem Legen müssen Eier gekühlt werden – bis zum 21. Tag nach dem Legen dürfen sie verkauft werden, und spätestens am 28. Tag sollten sie gekocht werden. In anderen Ländern wie den USA, Kanada oder Australien werden Eier vor dem Verpacken gewaschen und mit verschiedenen Verfahren desinfiziert.

Wenn man für den Eigenbedarf dennoch einmal Eier waschen will, weil die eigenen Hühner mal wieder mit Matschfüßen in die Legenester gegangen sind und die Eier beschmiert haben, sollte man die Eier in lauwarmem Wasser waschen. In kaltem Wasser könnte sich durch den Temperaturunterschied die Flüssigkeit im Ei zusammenziehen und durch den entstehenden Unterdruck kleinste Mengen Waschwasser mit Bakterienanteilen durch die Poren der Schale nach innen »gesogen« werden.

Federfüßige Zwerghühner mit der typischen Befiederung an den Beinen und Zehen wurden bereits im 17. Jahrhundert auf Gemälden abgebildet. Sie gehören zu den ältesten Zwerghühnern. Wegen der »Federfüße« sollen sie weniger scharren und daher weniger Schaden im Garten anrichten. Es sind friedliche und zutrauliche Hühner, die es in 26 aparten Farben und Zeichnungen gibt. Sie legen etwa 120 um die 30 Gramm schwere Eier im Jahr.

55_ Bunte Eier
Eierfärben in Generationen

Die Urahnen des Haushuhns, die Kammhühner *(Gallus gallus)*, legen weißschalige Eier. Im Verlauf der Domestikation sind durch verschiedene Mutationen die braunen Eier sowie eine bunte Palette verschiedener Schalenfarben von Blau, Grün und Rosa entstanden. Die Färbung der Schale entsteht durch zwei Farbstoffe, Biliverdin und Protoporphyrin, die zu verschiedenen Zeitpunkten der Eibildung im Huhn in und auf die Eierschale gelangen. Die Schale wird im Uterus gebildet, wo spezialisierte Zellen das Kalzium absondern. Eine genetische Information auf Chromosom 1 bestimmt darüber, ob in diesen Zellen auch der Farbstoff Biliverdin gebildet wird. Dieser färbt die Schalen blau.

Die Erbinformation für braune Eier ist komplizierter und auf mindestens 13 Genorte verteilt. Sie führt zu unterschiedlichen Farbausprägungen von Hell- über Dunkelbraun bis zu Schokoladenbraun. Der rötlich braune Farbstoff Protoporphyrin wird außen auf die Eierschale aufgelagert und färbt sie nicht durch, die Eier sind innen weiß. Trägt eine Henne die Erbinformation für blaue Eier und braunen Farbüberzug, entstehen olivfarbene bis türkisgrüne Eier.

Kurz vor dem Legen wird das Ei mit einer dünnen Schicht aus Protein, der Schalenhaut (Kutikula), überzogen, welche die Poren der Schale verschließt und das Eindringen von Bakterien verhindert. Sie kann, je nach genetischer Information, den Farbstoff Protoporphyrin enthalten. Ist die Schale darunter weiß, ergeben sich rosa Eier, ist sie blau, entsteht Violett.

Für das Wirtschaftsgeflügel sind bislang nur die Schalenfarben Weiß und Braun von Interesse, aber für Hobbyhalter und besondere Absatzmärkte werden auch Rassen mit blauer Eierschalenfarbe gezüchtet und gezielt Rassen mit bestimmten Eierfarben gekreuzt, um eine bunte Vielfalt zu erreichen. Das Ergebnis der Zuchtbemühungen wird erst sichtbar, wenn die Hennen im Alter von etwa sechs Monaten mit dem Legen beginnen.

In Deutschland werden braunschalige Eier bevorzugt, während in Nordamerika und Indien weißschalige Eier bevorzugt werden. Aus der Gefiederfarbe kann man nicht auf die Farbe der Eier schließen. Einen Hinweis gibt aber die Ohrscheibe der Hühner: Ist sie weiß, wie beim bekannten Italiener-Huhn, sind auch die Eier weiß. Hühner mit roten Ohrlappen legen in der Regel braune Eier.

56 Blau durch Virus-DNA

Natürliche Gentechnik – wie die Natur so arbeitet

Einige aus Südamerika stammende Hühner, die Araucanas und die in China beheimatete Rasse der Dongxiang, legen türkisblaue Eier. Der Farbstoff Biliverdin, der dies bewirkt, ist ein Abbauprodukt der Häm-Gruppe, die auch die Grundlage für den roten Blutfarbstoff bildet. Forscher haben die DNA-Sequenz ermittelt, die in diesen Rassen für die Ansammlung des blauen Farbstoffs in den Eierschalen verantwortlich ist. Dieses Stück der DNA ist die eines vorzeitlichen Hühnervirus (EAV-HP), die sich vor einigen hundert Jahren in der Erbinformation der Hühner integriert hat. Die virale DNA wird zwar jeder neuen Generation weitergegeben, ist aber inaktiv – produziert also keine infektiösen Viren. Die DNA-Sequenz erzeugt ein Protein, welches den blauen Farbstoff in den Zellen im Uterus einlagert, wo die Kalkschale gebildet wird. Darum sind die Schalen blau- und grünschaliger Eier auch innen blau.

Solche sogenannten endogenen (aus dem Körper selbst) Retroviren gibt es vielfach in den Genomen von Pflanzen, Tieren und Menschen – sie sind ein wichtiger Bestandteil der Evolution. Das Beispiel der blauen Eier und das Auftreten dieser besonderen Erbinformation an zwei unterschiedlichen Orten der Welt veranschaulicht sehr schön dieses Prinzip der Mutation. Man ist sich sicher, dass die Veränderungen bei den Araucanas und den Dongxiang unabhängig voneinander passiert sind, da die DNA-Sequenz ein klein wenig anders im Genom eingebaut ist. Diese parallele Entwicklung an unterschiedlichen Orten nennt man konvergente Evolution. Da keine Wildform der Hühner dieses Merkmal trägt und die Virussequenz kaum verändert ist, geht man davon aus, dass sie erst nach der Domestikation des Huhns entstanden ist.

Vermutlich haben Menschen die blaulegenden Hühner bevorzugt und so durch einen »menschengemachten« Evolutionsvorteil für den Erhalt beziehungsweise die Verbreitung dieses Merkmals gesorgt.

Lange hielt sich das Gerücht, dass grün- oder blauschalige Eier weniger Cholesterin enthalten. Wissenschaftliche Studien konnten das allerdings nicht bestätigen. Cholesterin ist für die Entwicklung des Kükens zwingend erforderlich und daher züchterisch und durch die Fütterung kaum zu beeinflussen.

57___Impfstoff aus Hühnereiern

Eier als Bioreaktoren

Hühner sind nicht nur Lieferanten von Lebensmitteln, sie spielen eine oft unsichtbare, aber essenzielle Rolle in der Gesundheitsvorsorge der Menschheit. Es geht um die Produktion von Impfstoffen, beispielsweise gegen das Grippevirus, welches weltweit jährlich bis zu 650.000 Tote fordert. Zur Erzeugung von Impfstoffen müssen Viren vermehrt werden. Für die Grippeviren funktioniert das bis heute am besten in Hühnereiern. Dazu werden befruchtete Eier zehn Tage bebrütet und dann per Spritze mit einer geringen Virusmenge infiziert. Im Hühnerembryo vermehrt sich das Virus. Nach drei Tagen werden die Eier abgekühlt und die virushaltige Flüssigkeit aus dem Ei entnommen und verarbeitet.

Weltweit werden 90 Prozent des Grippeimpfstoffs in Eiern hergestellt, wofür etwa 500 Millionen Eier benötigt werden. Diese Eier dürfen keine anderen Erreger enthalten. Um das sicherzustellen, werden Hühner für die Erzeugung von Impfstoffen unter strengen Hygienebedingungen gezüchtet und gehalten. Die in mehreren Generationen »spezifisch pathogenfreien« Hühner haben keine Antikörper gegen die meisten Erreger. Der Zutritt zu den Ställen ist nur wenigen Personen gestattet, die außerhalb ihrer Arbeit keinen Kontakt zu Geflügel haben dürfen und sich vor dem Betreten der Ställe umziehen und duschen müssen. Die Ställe werden mit mehrstufig gefilterter Luft im Überdrucksystem belüftet, damit keine Keime von außen hineingelangen können. Einstreu, Futter und Wasser werden durch Erhitzen oder Bestrahlung sterilisiert und laufend kontrolliert.

Für die Erzeugung von völlig keimfreien Eiern für die Herstellung medizinischer Proteine werden die Bruteier der (Groß-)Elterngeneration nach der Tötung der Henne operativ gewonnen, um eine Übertragung von Keimen während des Legens auszuschließen. Die daraus schlüpfenden Küken werden dann unter den höchsten Bio-Sicherheitsmaßnahmen gehalten.

In der Humanmedizin sind Proteine wichtige Therapiemittel, allerdings teuer in der Herstellung. Gentechnisch veränderte Tiere können solche Proteine mit der Milch oder eben in Eiern erzeugen. Im Gegensatz zu Kühen oder Ziegen benötigen Hühner wenig Platz und Futter und sind schnell zu vermehren. Funktionale Proteine aus Eiern sind für die Pharmaindustrie eine Zukunftstechnologie.

58__ Federn
Schmuck, Schutz und das Mittel zum Fliegen!

Federn prägen durch ihre Farbe und Struktur das äußere Erscheinungsbild von Hennen und Hähnen. Als eine der Hauptfunktionen ermöglichen die aerodynamischen Eigenschaften der Feder das Fliegen. Hühner können zwar nicht weit fliegen, aber sie setzen ihre Flügel ein, um zu ihren Schlafplätzen zu gelangen oder um vor Bedrohungen zu fliehen.

Es gibt unterschiedliche Arten von Federn, die sich in Struktur und Aussehen unterscheiden. Direkt sichtbar und prägend für die Gesamterscheinung sind die Strukturfedern. Das Deckgefieder schützt das Huhn vor Wettereinflüssen, das Großgefieder bildet die Schwingen und das Schwanzgefieder und ermöglicht damit das Fliegen. Im Gegensatz zu den Strukturfedern, deren Äste und Strahlen miteinander verhakt und daher recht stabil sind, weisen die Flaumfedern eine sehr lockere Struktur auf. Sie bilden mit dem lockeren unteren Teil der Strukturfedern das Untergefieder und schützen das Huhn vor Kälte. Neben den Struktur- und Flaumfedern gibt es noch die Haarfedern, die gar nicht nach Feder aussehen, weil sie nur aus einem sehr dünnen Federschaft bestehen. Es sind sozusagen Tastorgane, die über eine gute Nervenanbindung im Federfollikel verfügen und dem Huhn ermöglichen zu fühlen, wenn das Gefieder in Unordnung geraten ist.

Einige Hühnerrassen haben besondere Federstrukturen: Bei den Seidenhühnern sind die Federstrahlen nicht wie bei anderen Hühnern durch Häkchen verbunden, sodass das Gefieder eher wie ein langes Fell wirkt. Eine andere Sonderform des Gefieders zeigen die Strupphühner: Die Federn an Hals, Brust, Rücken und auf den Flügeldecken sind aufgerichtet und nach vorn gebogen. Manche Rassen wie die Paduaner tragen Federbüschel in Form einer Haube auf dem Kopf oder wie die Eulenbarthühner als Bart im Gesicht. Auch befiederte Beine und Füße sind Merkmale einiger Rassen wie beispielsweise des Sundheimer Huhns.

Zur Federpflege ziehen und ordnen die Hühner ihre Federn mit dem Schnabel und fetten sie ein – auch als Schutz vor Nässe. Dazu drücken sie mit ihrem Schnabel auf die Bürzeldrüse am Schwanzansatz, aus der sie ein wachsartiges Öl gewinnen, das sie auftragen, wenn sie ihre Federn durch den Schnabel ziehen.

59_ Zahnlos

Schon die Dinos hatten Steine im Bauch

Hühner haben, wie alle Vögel, keine Zähne. Stattdessen hat ihr Verdauungssystem andere Mechanismen, um die Nahrung zu zerkleinern und Nährstoffe aufzuschließen. Zunächst zerkleinern Hühner ihr Futter durch Picken und Reißen mit dem Schnabel. Die Bestandteile werden geschluckt und landen dann im Kropf, einer Ausstülpung der Speiseröhre, die als Speicher dient. Man ist übrigens erstaunt, welch große Nahrungsbrocken Hühner verschlingen können, wenn sie wollen. Ganze Mäuse zum Beispiel. Im Kropf wird die Nahrung eingeweicht, Körner quellen auf, und Bakterien bereiten den Nahrungsbrei auf die weitere Verdauung vor. Der wichtigste Schritt der Nahrungszerkleinerung findet im Muskelmagen der Hühner statt: Wie der Name bereits vermuten lässt, ist dieser Teil des Magens von starken Muskeln umgeben. Im Muskelmagen befinden sich kleine Steinchen (Gastrolithen), die zusammen mit den Kontraktionen des Magens die Nahrung fein zerreiben, sodass sie durch die Magensäure und Verdauungsenzyme aufgeschlossen werden kann. Ansammlungen polierter Steine wurden in Fossilien von Theropoden aus der Familie der Dinosaurier gefunden, aus denen sich die Vögel entwickelt haben.

Hühnern, die keinen Zugang zu kleinen Steinchen, beispielsweise im Auslauf, haben, sollte man Magenkiesel anbieten. Mit modernem Hühnerfutter (Legemehl) ist das für die Verdaulichkeit zwar nicht mehr zwingend erforderlich, weil das Futter bereits zermahlen ist. Legehennen, denen Magenkiesel angeboten wurden, neigen jedoch seltener zu Verhaltensstörungen wie Federpicken und Kannibalismus. Magenkiesel sind nicht dasselbe wie die ebenfalls erforderlichen Muschelschalen (auch Grit genannt). Während Magenkiesel aus säurebeständigem Quarz bestehen, lösen sich Muschelschalen oder Grit aus Kalkstein in der Magensäure auf und sind eine langsam lösliche Kalziumquelle für die Produktion der Eierschalen während der Nachtstunden.

Im antiken Rom wurden Mut, Kampfkraft und Libido des Hahns verehrt. Besondere Glücksbringer, die diese Eigenschaften des Hahnes auf seinen Besitzer übertrugen, waren Hahnensteine oder Alectoria Gemma. Dabei könnte es sich um Magensteine von Hähnen gehandelt haben, die sich als Verdauungshilfe und Zahnersatz im Magen von Hühnern finden.

60_Häufchen mit Haube

Warum Hühner nicht pinkeln

Wenn man Hühner hält, stellt man schnell fest: Wo sie stehen und gehen, hinterlassen sie ihre Häufchen. Aber niemals sieht man sie ein Bein heben oder sich hinhocken, um Urin abzusetzen.

Dabei müssen Vögel ebenso wie Säugetiere die Rückstände aus Stoffwechselprozessen aus dem Körper entfernen. Und wie bei Säugetieren übernehmen auch bei Hühnern zwei Nieren diese Aufgabe. Aber anders als bei Säugetieren werden die Rückstände nicht verdünnt mit viel Wasser ausgeschieden. Als für den Flug optimierte Lebewesen haben sie keine (schwere) Harnblase. Die Ausscheidungsprodukte aus den Nieren werden über Harnleiter in den Darm abgegeben. Dort kann die Darmschleimhaut überschüssiges Wasser zurückgewinnen. Zurück bleibt eine eingedickte Paste aus Harnsäurekristallen, die gemeinsam mit dem Kot ausgeschieden wird. Sie ist als weiße Haube auf den Kothäufchen erkennbar. Der Urin der Hühner ist also nicht flüssig.

Die besondere Form des Urins beim Huhn kann bei Wassermangel zu gesundheitlichen Problemen führen. Für den Transport aus den Nieren in den Darm muss genügend Wasser zur Verfügung stehen. Dehydrierte Hühner nehmen bei der Wasserrückgewinnung im Darm auch große Mengen der Harnsäure wieder auf, was den Körper schädigt. Wenn gleichzeitig besonders eiweißreich gefüttert wurde, im Körper also viel Stickstoff entsorgt werden muss, kann es bei Hühnern zu Gicht kommen, die auch tödlich enden kann. Die überschüssige Harnsäure lagert sich in Kristallform in Gelenken oder auf den inneren Organen ab. Die Gelenkgicht ist an warmen, weichen und oft schmerzhaften Schwellungen (Gichtknoten), bevorzugt an Fußgelenken und Zehen, zu erkennen.

Vitamin-A-Mangel begünstigt das Auftreten der Gicht. Schutz bietet eine ausgewogene Fütterung, die sich am Bedarf der jeweiligen Altersstufe orientiert, und ständig ausreichend Wasser. Rechtzeitig erkannt, kann Gicht auch behandelt werden.

Verwechsle niemals Hühnerkacke mit einem Ei. (Lateinamerikanisches Sprichwort)

61__Übermenschliche Fähigkeit

Sehen im ultravioletten Bereich

Das Sehen ist eine für Hühner sehr wichtige Sinnesleistung. Betrachtet man die Größe des Hühnerauges im Verhältnis zum Kopf, so ist sein Anteil am Kopf 25-mal größer als beim Menschen. Die Physiologie des Sehens funktioniert bei Menschen und Hühnern nach demselben Prinzip: Licht trifft auf spezialisierte Nervenendungen in der Netzhaut, sogenannte Zapfen. Menschen haben drei Arten von Zapfen, die durch unterschiedliche Wellenlängen stimuliert werden und den Reiz als roten, grünen oder blauen Farbeindruck an das Gehirn weitergeben. Im Gegensatz zu Menschen gehören Hühner zu den tetrachromatisch sehenden Tieren und haben eine vierte Zapfenart. Damit sind sie in der Lage, auch Lichtwellen im ultravioletten Bereich wahrzunehmen. Das bedeutet, dass die Welt für Hühner vollkommen anders aussieht. Während wir Gras und entsprechend gefärbten Kunststoff gleichermaßen als grün wahrnehmen, reflektieren diese Objekte ultraviolette Lichtwellen ganz unterschiedlich, sodass sie für Hühner vermutlich völlig verschieden wirken. Hühner können sich an der unterschiedlichen Intensität der ultravioletten Strahlung des Himmels orientieren, wo wir nur Blau oder Grau sehen.

UVA-Licht gehört also zum natürlichen Sehspektrum der Hühner, ist jedoch in normaler Kunstbeleuchtung nicht enthalten. In Versuchen mit Kunstlicht mit und ohne UVA-Anteil haben sich Hühner für Licht mit UVA-Anteil entschieden. Da es die Wahrnehmung so grundsätzlich verändert, hat der ultraviolette Anteil einen Einfluss darauf, wie Hühner ihre Artgenossen erkennen, und damit auch auf die Partnerwahl, den Aufbau und die Aufrechterhaltung sozialer Hierarchien, die Bewegungsaktivität und die Futteraufnahme. Mit Beleuchtung, die auch UV-Anteile enthält, zeigen Hühner weniger Angstreaktionen und Stress. Mit Tageslicht im Stall durch Fenster sowie Freigang ist ein Mangel an ultraviolettem Licht jedoch kein Thema.

Der römische Konsul Publius Claudius Pulcher wurde wegen Hochverrat verurteilt, nicht etwa, weil er die Seeschlacht von Drepana verloren hatte, sondern weil er das Omen der Hühner an Bord missachtete, die nicht fressen wollten und so gewarnt hatten. Claudius hatte sie daraufhin mit den Worten ins Meer geworfen: »Dann sollen sie trinken.« Kurz nach dem Urteil starb er – vermutlich durch Selbstmord.

62 Bildstabilisator

Magic Body Control inspiriert Mercedes

Warum »nicken« Hühner so seltsam mit dem Kopf, wenn sie laufen? Die Augen von Hühnern (und anderen, aber nicht allen Vögeln) sind im Kopf nicht so beweglich wie die Augen der Menschen. Und sie sind seitlich angeordnet. Wir Menschen können, anders als Hühner, mit den Augen einem Objekt relativ lange folgen, ohne den Kopf zu bewegen. Das bedeutet, dass unsere Augen ein Objekt fixieren können, auch wenn wir uns in Relation zu dem Objekt bewegen. Wenn die Bewegung schneller ist, als das Gehirn die gesehenen Eindrücke zu Bildern verarbeiten kann, entstehen verwischte Bilder, wie beim Blick aus einem fahrenden Zug. So ähnlich würde die Welt vermutlich für Hühner aussehen, hätten sie nicht die ruckartigen Kopfbewegungen entwickelt: Das Auge fixiert einen Ankerpunkt und behält ihn so lang wie möglich im Blick. Dann nimmt das Huhn den Kopf sehr schnell nach vorn und fixiert erneut, der Körper folgt. Die Wirkung ähnelt der eines Bildstabilisators.

Durch die seitliche Anordnung der Augen am Kopf haben Hühner zwar einen fast 360 Grad umfassenden Rundumblick, der sie vor Feinden schützt. Aber es gibt nur einen sehr kleinen Bereich, in dem die Sichtfelder beider Augen überlappen und dreidimensionales Sehen und damit eine Abschätzung der Entfernung möglich ist. Es wird angenommen, dass durch die schnellen Kopfbewegungen (»nicken«) mehrere Bilder desselben Objektes aus unterschiedlichen Perspektiven erzeugt werden, was ähnlich wie beim binokularen Sehen einen Tiefeneindruck und die Einschätzung der Entfernung ermöglicht.

Die komplexen Ausgleichsbewegungen, mit denen Hühner ihren Blick fixieren, hat Mercedes Benz 2013 in dem Werbespot »Chicken – Magic Body Control« genutzt, um für den besonderen Fahrkomfort ihrer Autos zu werben. Der von Jung von Matt NECKAR kreierte Clip wurde eines der erfolgreichsten Werbevideos des Jahres und auf YouTube mehr als 25 Millionen Mal aufgerufen.

Das Cembalostück »La Poule« von Jean-Philippe Rameau ahmt ein Huhn nach. Dieses
Stück wurde für Orchester bearbeitet und ist Teil der »Suite Gli Uccelli« von Ottorino
Respighi. Auch die Fuge in Johann Sebastian Bachs Sonate in D-Dur, BWV ’63 (»Thema
all’Imitatio Gallina Cuccu«) imitiert ein Huhn.

63 Halbschlaf mal anders
Schlafen und wachsam sein zur gleichen Zeit

Die Frage, warum Lebewesen schlafen, beschäftigt Forscher bis heute. Sicher ist nur, dass dauerhafter Schlafentzug (eine bewährte Foltermethode) zu Krankheit und (im Tierversuch mit Ratten) zum Tod führt. Für manche Tiere könnte allerdings auch der Schlaf – wie wir Menschen ihn kennen – lebensgefährlich sein. Beispielsweise für Delphine, die ja regelmäßig Luft holen müssen. Oder eben auch für Hühner, die schlafend eine (noch) leichte(re) Beute für Fuchs und Habicht wären.

Hühner wie Delphine beherrschen eine besondere Form des Schlafes: Im sogenannten Halbseitenschlaf können sie mit einer Gehirnhälfte aufmerksam bleiben, während die andere schläft. Äußerlich ist das an einem geöffneten und einem geschlossenen Auge zu erkennen. Die schlafende Gehirnhälfte befindet sich im Tiefschlaf, eine Schlafphase, die für das Lernen und die Regeneration besonders wichtig ist. Bei Enten wurde festgestellt, dass Tiere am Rand der Gruppe ein Auge offen halten, also mit nur einer Gehirnhälfte schlafen, um potenzielle Gefahren erkennen zu können. Vergleichbares ist bei Hühnern auf der Sitzstange zu beobachten: Außen sitzen häufig die rangniedrigeren Tiere. Diese Position ist weniger sicher als ein Platz in der Mitte. Hühner können den Halbseitenschlaf bewusst in gefährlicheren Situationen einsetzen. Und nach einiger Zeit verändern sie ihre Sitzposition um 180 Grad, um mit der anderen Gehirnhälfte schlafen zu können.

Wenn Hühner mit beiden Gehirnhälften schlafen, zeigen sie – wie Menschen – Phasen mit starker Bewegung der Augen: den sogenannten REM-Schlaf (rapid-eye-movement-Schlaf), in dem sie träumen. Das Schlafverhalten von Hühnern ist dem von Menschen erstaunlich ähnlich. Trotz Unterschieden in der Struktur der Gehirne sind doch beide komplex aufgebaut und erbringen anspruchsvolle kognitive Leistungen. Es wird vermutet, dass sie daher ähnliche Erholungs- und Lernphasen benötigen.

Hühnern wird nachgesagt, dass sie nicht gut riechen können. Dies scheint jedoch überholt zu sein, denn einerseits wurden im Hühnergenom Gene für Geruchsrezeptoren gefunden, wie sie auch beim Menschen vorkommen. Andererseits haben Verhaltensstudien gezeigt, dass Gerüche für Hühner wichtige Sinneseindrücke sind.

64 Dummes Huhn?

… oder ist vielleicht unsere Einschätzung dumm?

Während in früheren Jahrhunderten Hühner für ihre Eigenschaften bewundert und verehrt wurden, werden sie in unserer modernen Gesellschaft gern als dumm angesehen. Möglicherweise erleichtert uns diese Einschätzung den Umgang mit Geflügel als Produktionseinheiten von Eiern und Fleisch. Ein Trugschluss liegt in der Annahme, dass im kleineren Hühnergehirn weniger Intelligenz zu suchen wäre. Das Gehirn von Vögeln ist anders aufgebaut als das von Säugetieren und hat nicht die walnussartig gefaltete Struktur der Hirnrinde, die beim Menschen für alle kognitiven Funktionen zuständig ist. Die bei uns in der Hirnrinde angesiedelten Zellen finden sich im Vogelhirn in tiefer liegenden Regionen.

Studien mit Hühnern haben gezeigt, dass sie ein gutes Erinnerungsvermögen haben, individuelle Hühner unterscheiden und auch nach langer Zeit wiedererkennen. Diese Fähigkeit erstreckt sich nicht nur auf Hühner, sondern auch auf Menschen. Drei Tage alte Küken sind in der Lage, ein Objekt als Ganzes wahrzunehmen, auch wenn es teilweise verdeckt ist. Eine Fähigkeit, die menschliche Babys erst im Alter von vier bis fünf Monaten besitzen. Sie sind auch bereits in der Lage, einfache Rechenoperationen durchzuführen.

Hühner zeigen Selbstbeherrschung und Selbsteinschätzung in Experimenten, in denen sie beispielsweise entweder sofort eine Futterbelohnung abrufen konnten oder durch eine längere Wartezeit (22 Sekunden) eine größere Belohnung erhielten. Ein Hinweis auf die Fähigkeit der Zeitwahrnehmung – Hühner leben nicht nur in der Gegenwart – und ein Hinweis auf Selbstbewusstsein. Die komplexe Kommunikation der Hühner setzt voraus, sich in die Perspektive eines anderen Tieres hineinzuversetzen. Sie haben die Fähigkeit, zu denken und logische Schlüsse zu ziehen. Als sozial agierende Individuen zeigen sie einige Anzeichen für Empathie und haben ausgeprägte Persönlichkeiten. Hühner sind alles andere als dumm.

Lege nicht alle Eier in einen Korb. (Holländisches Sprichwort)

65_ Von Hühnern lernen

Wenn Hühner in den Regen gehen, hält er lange an

Weltweit gibt es Redewendungen, die sich auf typisches Verhalten oder bestimmte Eigenschaften von Hühnern beziehen. In ihrem Schnabel haben Hühner keine Zähne. Darum sind unmögliche Dinge, die es (angeblich) gebe »scarce as hen's teeth«.

Als potenzielle Opfer von Raubtieren sind Hühner sehr wachsam und schreckhaft. Da sie in Gruppen leben, reagieren immer alle Tiere sofort, wenn eine Henne oder der Hahn Alarm schlägt. Das Ergebnis sieht ziemlich chaotisch aus: Alles flattert und rennt in unterschiedliche Richtungen, um Deckung zu suchen. Das wirkt ziemlich plan- und ziellos und ist gemeint, wenn man jemandem attestiert, wie ein aufgescheuchtes Huhn herumzulaufen.

Im englischen Sprachraum beschreibt man die Vorstellung, dass böse Taten und Verwünschungen auf ihren Urheber zurückfallen, mit dem Verhalten der Hühner, die jeden Abend – egal, wie weit sie am Tag bei der Futtersuche auch gelaufen sind – zurück in den Stall auf ihre Sitzstange *(roost)* kommen: »*Curses are like chickens; they always come home to roost.*«

Wenn kein Hahn (der sonst wegen jeder Kleinigkeit Laut gibt) nach etwas kräht, ist es völlig bedeutungslos, und wenn ein blindes Huhn auch mal ein Korn findet, erkennt man, dass Erfolg nicht immer etwas mit Kompetenz zu tun hat.

In der sozialen Struktur der Hühnerschar spielt der Hahn eine besondere Rolle. Aufgrund des territorialen Verhaltens und weil er im Gegensatz zu den Hühnern für sein Futter keine Eier liefert, gibt es meist nur einen Hahn. So hat er die ungeteilte Aufmerksamkeit aller Hennen und scheint sie zu genießen. Parallelen zu Situationen mit so unausgewogenem Geschlechterverhältnis beim Menschen, in denen die Rolle und die Befindlichkeit des unterrepräsentierten Geschlechts mit der Bemerkung »Hahn im Korb« charakterisiert werden, sind mit der modernen Auffassung von Gender und Diversity nicht mehr in Einklang zu bringen.

Bei den Sundheimern handelt es sich um die älteste deutsche Landrasse, die mit Blick auf die Fleischleistung gezüchtet wurde. Bauern im badischen Kehl lieferten schon im frühen 18. Jahrhundert Fleischhühner für die Märkte in Straßburg. Derzeit sind die Sundheimer Teil des Forschungsprojekts Öko2Huhn, in dem zur Entwicklung von Zweinutzungshühnern geforscht wird.

66 Die Hackordnung
Wichtig zu wissen, wo man hingehört!

Hühner sind soziale Tiere, die natürlicherweise in kleinen Gruppen leben. Innerhalb der Gruppe gibt es eine klare Hierarchie, die allgemein als Hackordnung bekannt ist. Dominante Tiere zeigen ihren Rang durch Picken, Federnzupfen und Anstarren. Dominante Hühner haben den Vortritt beim Futter und zu besonderen Plätzen wie dem Staubbad. Unterwürfige Hühner picken nicht zurück und laufen normalerweise vor höherrangigen Hühnern weg. Die Hackordnung setzt voraus und ist ein Beleg dafür, dass Hühner die Fähigkeit haben, ihre Herdengenossen individuell zu erkennen.

Die Hackordnung entwickelt sich bereits in der Jugend der Hühner. Kleine Küken entwickeln als Schutzmechanismus zuerst das Fluchtverhalten. Wenn die Küken etwas größer sind, kann man spielerische Kämpfe ohne echten Kontakt beobachten. Ernst wird es, wenn die Küken langsam erwachsen werden. Mit etwa drei Monaten gibt es echte Kämpfe, in denen Dominanz und Unterordnung etabliert werden. Wenn die Rangordnung hergestellt ist, leben die Hühner harmonisch zusammen. Hühner können jedoch mit der Zeit oder durch direkte Herausforderungen der Autorität in der Hackordnung aufsteigen.

Jedes Mal wenn sich die Tierzahl in der Gruppe verändert, kämpft die gesamte Herde kurz um die Wiederherstellung der Hackordnung. Neue Tiere in die Gruppe zu integrieren, besonders wenn es junge Hennen sind, kann zu heftigen Auseinandersetzungen führen. In der Regel setzen die älteren Hühner in der Herde die bestehende Hackordnung durch, und neu hinzukommende Junghennen müssen ihren Platz in dieser Ordnung erst lernen. Niemals sollten einzelne Hühner oder eine zu kleine Gruppe integriert werden. Es kann hilfreich sein, neue Tiere zunächst durch ein Gitter von den übrigen Tieren zu trennen oder sie gemeinsam mit einem Hahn in die bestehende Gruppe zu bringen. Es sollten ausreichend Platz zum Ausweichen und genügend Sitzstangen vorhanden sein.

Hühner haben ein sehr gutes Gedächtnis für Gesichter: Mehr als 100 Gesichter anderer Hühner können sie unterscheiden und erinnern sich noch nach mehreren Monaten der Trennung an Tiere, die sie kennen.

67 Staubbaden
Wichtiges Komfortverhalten zur Gefiederpflege

Zu den besonderen Verhaltensweisen der Hühner gehört das Staubbaden. Es wird sowohl bei den wilden Verwandten als auch bei Haushühnern beobachtet. Dazu suchen sich die Hühner trockene Stellen mit lockerer Erde, die sie mit Krallen und Schnabel bearbeiten. Dabei richten sie ihr Gefieder auf und hocken sich in den gelockerten Boden. Mit seitlichen Flügelbewegungen, Scharren mit dem Schnabel und Kratzen mit einem Bein sowie dem Reiben des Kopfes wird der Staub ausgiebig im Gefieder verteilt. Danach liegen die Hühner noch eine ganze Weile in ihrer Staubkuhle und pudern zwischendurch nach, bevor sie endgültig aufstehen und den Staub aus den Federn schütteln.

Wenn die Möglichkeiten gegeben sind, nehmen Hühner im Durchschnitt jeden zweiten Tag ein Staubbad, welches ungefähr 20 Minuten dauert. Dadurch wird in erster Linie überschüssiges Federfett entfernt und somit die Isolation des Gefieders aufrechterhalten. Weiterhin können die feinen Partikel im Staub Milben, Läuse und andere Schädlinge aus dem Gefieder fernhalten.

Das Verhaltensmuster ist angeboren und kann im Ansatz schon bei zwei Tage alten Küken beobachtet werden. Bis zum Alter von vier Wochen ist der gesamte Ablauf etabliert, der bereits weitgehend dem Tagesrhythmus folgt. Meist findet das Staubbaden um die Mittagszeit statt. Wenn Hühner keinen Zugang zu geeignetem Material haben, nehmen sie ein Scheinstaubbad, das heißt, sie führen alle Bewegungen des Staubbadeverhaltens auf dem nackten Boden aus. Selbst in der Käfighaltung wird das Verhalten gezeigt, was als Hinweis darauf gewertet wird, dass das Tierwohl ohne geeignetes Staubbad beeinträchtigt ist. Erde scheint die beste Wirkung bei der Entfernung von Federfett zu haben, gefolgt von Sand und Sägemehl. Man sollte den Hühnern, besonders im Winter, ein trockenes Staubbad anbieten. Im Sommer suchen sie sich oft selbst einen passenden Platz.

Man kann nicht eine Hälfte des Huhns kochen und die andere Eier legen lassen. (Indisches Sprichwort)

68_ Gegacker
Funktionale und repräsentative Signale

Wo Hühner sind, ist es eigentlich nur nachts still. Immer haben sie sich etwas zu sagen. Sie glucksen und gackern, gakeln und krähen, mal laut und mal leise. Die Geräusche sind jedoch nicht zufällig. Sie gehören zur Sprache der Hühner, die komplexer ist, als man noch vor einiger Zeit dachte. Entgegen der früher verbreiteten Annahme, dass die Laute ausschließlich etwas über den emotionalen Zustand des Rufers (beispielsweise Angst) oder über seine physischen Eigenschaften (beispielsweise Größe) aussagen, beziehen sich die von Hühnern verwendeten Laute auf bestimmte Funktionen und Objekte in der Umwelt. Diese Form der Kommunikation hat man lange nur Primaten zugetraut.

Die kognitiven Prozesse, also die Vorgänge bei der Verarbeitung der Informationen, sind vergleichbar mit der Bedeutungsgebung der Wörter in einer Sprache. Ein bestimmter Laut steht für ein bestimmtes Objekt oder eine spezifische Situation, und andere Hühner verhalten sich danach. Man hat Hühnern Tonbänder vorgespielt, um auszuschließen, dass sie bestimmtes Verhalten einfach nur nachahmen. Forscher haben sich in den vergangenen 25 Jahren vermehrt mit der Kommunikation von Hühnern beschäftigt und konnten eine Vielzahl von Signalen für verschiedene Zwecke identifizieren. So gibt es unterschiedliche Warnlaute für Angriffe aus der Luft oder am Boden. Viele Rufe beziehen sich auf Futter oder Leckerbissen. Hähne locken damit die Hennen an – manchmal auch ohne dass es wirklich einen Leckerbissen gibt.

Bei unseren eigenen Küken haben wir festgestellt, dass sie schon am ersten Tag ein bestimmtes »Wort« für »Katze« haben, wenn unsere Holli (desinteressiert) am Gehege vorbeiläuft. Der Laut ist spezifisch und nur im Zusammenhang mit der Katze zu hören. Wenn die Küken älter werden und im Garten sind, kann man aus ihren Geräuschen eindeutig erkennen, wenn die Katze in der Nähe im hohen Gras oder den Büschen sitzt.

Das Bielefelder Kennhuhn ist eine junge Rasse, die in den 1970er Jahren aus Amrocks, Mechelnern, New-Hampshire und Rhodeländer Hühnern gezüchtet wurde. Die Ausgangs-rassen bringen Größe, Mastfähigkeit, eine Legeleistung von etwa 230 braunen Eiern und die namensgebende Kennfärbung ein, durch die das Geschlecht bereits beim Küken erkennbar ist.

69 Fortpflanzungsverhalten
Fruchtbarkeitskontrolle durch Hennen

Bei den Hühnern sind es die weiblichen Tiere, die einen großen Einfluss darauf haben, welcher Hahn seine Gene weitergeben kann. Wenn es mehrere Hähne in einer Herde gibt, wird die Henne den attraktivsten Hahn bevorzugen. Dabei sind größere Hähne attraktiver als kleine. Kräftigere Hähne stehen meist höher in der Hackordnung und können sich potenziell besser um die Hennen kümmern und sie verteidigen. Auch die Größe und Farbe des Hahnenkammes und der Kehllappen beeinflussen die Attraktivität. Im Fall von Auseinandersetzungen zwischen Hähnen wechseln die Hennen zum Sieger. In Untersuchungen mit Hennen und Hähnen verschiedener Rassen haben die Hennen Holländischer Haubenhühner, die anstelle eines Kammes einen auffälligen weißen Federschmuck auf dem Kopf tragen, Hähne der eigenen Rasse bevorzugt.

Neben dieser offensichtlichen Möglichkeit der Partnerwahl haben Hennen aber noch weitere, diskrete Wege, den Fortpflanzungspartner zu bestimmen: Es kommt vor, dass Hennen von einem unerwünschten, rangniederen Hahn zur Paarung gezwungen werden. Wissenschaftler haben in Studien nachgewiesen, dass die Hennen in einem solchen Fall das übergebene Sperma ausscheiden, sodass die Wahrscheinlichkeit sinkt, dass der unerwünschte Hahn seine Gene an die nächste Generation weitergeben kann.

Wenn ein Hahn um eine Henne wirbt, wird er zunächst Futter anbieten. Dazu nimmt er interessante Leckerbissen mit dem Schnabel auf und lässt sie immer wieder fallen, während er die Hennen ruft. Kommt eine Henne in seine Nähe, beginnt er zu tanzen. Er senkt den Flügel auf einer Seite und umkreist die Henne, bis sie sich entweder hinhockt und so Paarungsbereitschaft signalisiert oder weggeht. Beim Paarungsakt steigt der Hahn auf die Flügel der sich duckenden Henne und hält sich mit dem Schnabel am Nackengefieder fest. Beide Tiere stülpen die Kloaken aufeinander, und der Hahn übergibt seine Spermien.

Seit Aristoteles es so beschrieb und Giambattista della Porta es im 16. Jahrhundert wiederholte, hält sich das Gerücht, man könne an der Form des Eis das Geschlecht des Kükens erkennen. Danach sollen aus runderen Eiern Hähne schlüpfen. Ein Irrglaube.

70__Brutverhalten

Wenn Hennen Nachwuchs wollen

Besonders im Frühsommer kann es vorkommen, dass einzelne Hennen Eier ausbrüten wollen. Der Bruttrieb gehört zum normalen Verhalten, allerdings hat man bei Rassen mit großer Legeleistung stets mit den Hennen gezüchtet, die keine Zeit mit Brüten verschwenden. Darum ist der Bruttrieb bei einigen Rassen nicht mehr so ausgeprägt. Andere, wie Seidenhühner, Cochins und Orpingtons, haben einen ausgeprägten Bruttrieb. Das Brutverhalten wird durch Hormone gesteuert. Warme Witterung, aber auch eine größere Anzahl Eier im Nest können das Brutverhalten auslösen. Eine brutwillige Henne erkennt man daran, dass sie das Nest nicht verlässt, selbst wenn keine Eier darin liegen. Legt man ein Ei etwas außerhalb des Nests, wird sie das Ei unter sich rollen. Brütende Hennen legen keine Eier. Sie benötigen ihre gesamte Energie, um die Eier zu wärmen. Um die Wärmeübertragung zu unterstützen, rupfen sie sich die Federn an der Brust und unter dem Bauch aus. Nähert man sich der Henne, wird sie sich aufplustern und Abwehrverhalten zeigen. Außerdem gibt sie typische Laute von sich, von denen sich auch die Adjektive glucksch oder klucksch und die Bezeichnung Glucke ableiten.

Für eine erfolgreiche Brut müssen die Eier befruchtet sein. Die Henne sollte ungestört von anderen Hennen an einem vor Fuchs und Marder geschützten Ort brüten können. Am besten setzt man sie abends um, wenn es nötig ist. Sie braucht kaum Platz, weil sie das Nest für die nächsten 21 Tage nur einmal am Tag für kurze Zeit verlassen wird, um Körner zu fressen, zu trinken und sich zu entleeren. Ein Staubbad wird gern angenommen und bietet Schutz vor Milben, wenn man etwas Kieselgur zugibt. Das Nest sollte am Boden sein, damit die Küken später nicht herausfallen können. Nach der ersten Woche kann man vorsichtig die Eier mit einer Taschenlampe durchleuchten (schieren) und unbefruchtete Eier entfernen (Fotos findet man im Internet).

Wenn man keine Küken möchte, sollte man brütige Hennen nicht einfach sitzen lassen. Sie fressen kaum, weil sie ihr Nest nur kurz verlassen. Nicht alle Hennen geben irgendwann auf, und dann wird das Brüten zum Gesundheitsrisiko. Manche Hennen hören auf, wenn man sie regelmäßig aus dem Nest nimmt, andere muss man für einige Tage in einen Käfig ohne Einstreu setzen.

71 Kükens Versorgungsleitung

Warum haben Küken einen Bauchnabel?

Säugetiere (einschließlich der Menschen) haben einen Bauchnabel. Wie man weiß, markiert er die Stelle, an der im Mutterleib die Nabelschnur die Verbindung zur Plazenta hergestellt hat. Über die Plazenta werden die für das Wachstum benötigten Stoffe von der Mutter bereitgestellt.

Nun entwickeln sich Hühnerküken im Ei und nicht in der Mutter. Warum haben sie einen Nabel? Wie alle wachsenden Lebewesen benötigen sie für die Entwicklung Nährstoffe. Die Nährstoffe sind als Vorrat in Form des Eidotters mitgegeben. Es enthält Nährstoffe, die das Küken in den 21 Tagen seiner Entwicklung benötigt. In den ersten fünf Tagen der Brut bildet sich eine Membran mit Blutgefäßen um das Eidotter. Die feinen Kapillaren transportieren die Nährstoffe über eine Nabelschnur, die beim Küken »Dottersackstiel« genannt wird, in den Kreislauf des Kükens. Neben den Nährstoffen muss das wachsende Küken Kohlendioxid abgeben und Sauerstoff aufnehmen. Der Gasaustausch funktioniert über einen zweiten Blutkreislauf durch eine stark durchblutete Membran (Chorioallantoismembran), die sich innen an die Eischale anlagert. Auch diese Membran ist über den Nabel mit dem Küken verbunden. Übrigens nimmt das Küken auf diesem Weg auch Kalzium aus der Eierschale auf, um seine Knochen zu bilden. Die Eierschale verliert so bis zur Hälfte ihres Gewichts und zerbricht leichter.

Unmittelbar vor dem Schlupf wird der restliche Dottersack in die Bauchhöhle eingezogen, und die Öffnung verschließt sich. Kurz nach dem Schlupf ist diese Stelle noch als kleine Wunde oder Narbe erkennbar, beim ausgewachsenen Tier jedoch nicht mehr. Die Reste des Dottersacks mit dem Dottersackstiel befinden sich nach dem Schlupf also im Bauch des Kükens. Die Stelle, wo er in den Darm des Kükens mündet, bleibt auch beim erwachsenen Huhn noch als kleine Ausstülpung, das »meckelsche Divertikel«, erhalten. Etwas Vergleichbares gibt es auch beim Menschen.

Das schnurartige Gebilde, welches man manchmal im Eiklar erkennen kann, hat nichts mit der Nabelschnur zu tun. Es wird Hagelschnur genannt und hält das Eidotter in der Mitte des Eis, um ein Verkleben der Keimscheibe mit der Eischale zu verhindern.

72 Kükenschlupf
Wunder der Natur

Die Entwicklung eines Kükens und die komplexen Vorgänge, die dazu führen, dass so ein kleines Lebewesen genau zum richtigen Zeitpunkt mit einem ungeheuren Kraftaufwand die Kalkschale aufbricht, sind faszinierend. Zu Beginn der Brut bildet sich an der Innenseite der Eierschale eine von Adern durchzogene Eihaut. Durch diese Adern und die Poren in der Kalkschale wird Kohlendioxid aus den Stoffwechselvorgängen abgegeben und Sauerstoff aufgenommen. Außerdem vergrößert sich im Verlauf der Brut die Luftblase am dickeren Ende im Ei, weil Flüssigkeit aus dem Eiklar vom Küken aufgenommen und auch das Eidotter verbraucht wird.

Am 17. bis 18. Tag der Brut ist das Küken bereits so groß und sein Stoffwechsel so aktiv, dass der Gasaustausch (Kohlendioxid gegen Sauerstoff) durch die Eihaut und Eischale nicht mehr ausreicht. Der Kohlendioxidgehalt im Blut des Kükens steigt, und der pH-Wert sinkt dadurch. Diese Veränderung bewirkt, dass die Nackenmuskeln des Kükens zucken. Durch das Wachstum des Kükens und die Eiform wird der Kopf des Kükens unter den rechten Flügel gedrückt und zeigt mit der Schnabelspitze in Richtung der Luftblase. Die Muskelzuckungen lassen den Schnabel in die Luftblase stoßen, sodass das Küken atmen kann. Die Lungenatmung setzt ein, und im Herzen des Kükens schließt sich eine Verbindung zwischen den Herzkammern. Der Kohlendioxidanstieg bewirkt auch, dass sich der Dottersack zusammenzieht und in die Bauchhöhle eingezogen wird, die sich dann verschließt.

Am letzten Tag der Brut reicht die Luft in der Luftblase nicht mehr aus, und erneut steigt der Kohlendioxidgehalt. Die Zuckungen in der Nackenmuskulatur bewirken schließlich, dass das Küken die Schale durchbricht und sich durch die spitze Form des Eis langsam um die Längsachse dreht. Ein kleiner Höcker auf dem oberen Schnabel, der Eizahn, erleichtert das Durchbrechen der Schale. Er verschwindet kurz nach dem Schlupf.

Wenn das Küken mit dem Schnabel in der Luftblase ist, kann es im Ei piepsen und nimmt Kontakt mit seiner Mutter und den Geschwistern in den anderen Eiern auf. Es gibt Hinweise darauf, dass die Geräusche der Küken den Schlupf der Nestgeschwister synchronisieren können.

73 Familienidyll

Was Glucke und Küken brauchen

Es ist bezaubernd zu beobachten, wie sich eine Glucke um ihre Küken kümmert, sie wärmt und ihnen die Welt zeigt. Damit das gut funktioniert, sollte man für günstige Rahmenbedingungen sorgen. Auch wenn es Beispiele gibt, in denen die Haltung in der Gruppe klappt, kann man Stress vermeiden, wenn man Glucke und Küken von den anderen Hühnern getrennt unterbringt. Auch wenn eine Glucke ihre Küken schützt und verteidigt, geht man auf Nummer sicher, wenn man für Schutz vor Fressfeinden sorgt. Für kleine Küken können auch Krähen, Katzen und Hunde gefährlich werden. Ein von oben und den Seiten mit engmaschigem Volierendraht gesichertes mobiles Gehege mit einer kleinen Hütte als Witterungsschutz ist ideal. Wasser muss so angeboten werden, dass Küken nicht ertrinken können. Ein Kükenaufzuchtfutter ist auf den Bedarf der wachsenden Tiere abgestimmt. Da die Henne mitfrisst und die Küken zusätzlich auch viele andere Dinge picken, darf man kein Kükenfutter mit Kokzidiostatika füttern. Die Zusätze sind für ausgewachsene Legehennen nicht zugelassen und wirken nur in genau der eingemischten Dosierung. Jedes zusätzlich aufgenommene Futter (Gras, Insekten) verdünnt die Wirkstoffe und kann zu Resistenzen führen. Als Schutz vor der durch Kokzidien verursachten Roten Kükenruhr kann man die Küken in der ersten Lebenswoche über das Wasser impfen. Der Schutz durch die Impfung hält lebenslang.

Die Glucke führt die Küken ungefähr sechs Wochen, die Dauer ist aber sehr variabel. Irgendwann wird die Henne die Küken verjagen. Dann kann die Henne zurück zur Gruppe. Normalerweise sind die Küken dann noch nicht groß genug, um zu den erwachsenen Hühnern in den Stall zu ziehen. Sie passen je nach Zaun noch durch die Maschen und können weiterhin zur leichten Beute von Krähen oder anderen Fressfeinden werden, sodass ungefähr für weitere zwei Monate zusätzlicher Schutz und eigenes Futter sinnvoll sind.

Es kommt immer wieder mal vor, dass sich Hennen selbstständig einen Brutplatz suchen, dort heimlich ihre Eier sammeln und irgendwann abends nicht mehr in den Stall zurückkehren. Mit viel Glück tauchen sie nach drei Wochen mit einer Schar Küken wieder auf.

74__Was tun mit den Hähnen?

Unbedingt vorher zu bedenken!

Küken aufzuziehen ist eine tolle Erfahrung und ein wunderschönes Hobby. Man muss sich allerdings darüber im Klaren sein, dass durchschnittlich aus der Hälfte der Eier Hähne schlüpfen werden. Wenn man nicht über sehr viel Platz und sehr wenige Nachbarn verfügt, ist es utopisch, alle Hähne behalten zu wollen. Wenn die Hähne geschlechtsreif werden, möchten sie ihr Revier und ihre Hennen verteidigen. Sie krähen viel und werden aggressiv gegenüber anderen Hähnen. Wenn man auch in weiteren Jahren Küken züchten will, muss man außerdem das Inzuchtrisiko bedenken.

Hähne zu verkaufen erweist sich meist als schwierig. Manchmal kann man einen Hahn zusammen mit einigen Junghennen abgeben oder besonders schöne Tiere an andere Züchter verkaufen. Hüten sollte man sich vor unseriösen Anfragen, die Hähne als Trainingsopfer für verbotene Hahnenkämpfe suchen, und es ist tierschutzwidrig, Hähne im Wald auszusetzen.

In der Regel werden die meisten Hähne eines Jahrgangs nach einer Aufzuchtphase von vier bis fünf Monaten geschlachtet und in der Küche verwertet. Wenn man nicht selbst schlachten kann oder will, sollte man sich rechtzeitig bemühen, eine kleinere Schlachterei zu finden, die diese Aufgabe übernimmt. Da sich die Hähne mit zunehmendem Alter mehr bewegen, ist das Fleisch nicht mit den üblichen Masthähnchen aus dem Supermarkt zu vergleichen. Es ist viel fester und dunkler und eignet sich besser zum Schmoren. In Österreich gibt es Versuche, durch Kräuterzusätze wie Mönchspfeffer und Rotklee im Futter die Geschlechtsentwicklung zu hemmen und so ruhigere Tiere zu bekommen, die etwas Fett ansetzen. In Frankreich werden die berühmten Bressehühner zum Ende der Aufzucht mit einer Mischung aus Milch und Mais gefüttert, um die Fleischqualität zu verbessern. Die dort praktizierte Haltung in kleinen Käfigen für die letzten vier Wochen vor der Schlachtung ist in Deutschland allerdings nicht erlaubt.

Eine Henne kann ungefähr zwölf Eier bebrüten. Die genaue Zahl hängt davon ab, wie groß die Henne und die Eier sind. Man kann versuchsweise eine größere Anzahl Eier ins Nest legen und nach und nach Eier wegnehmen, bis alle gut von der Henne abgedeckt werden. Das ist dann die maximale Anzahl für diese Henne.

75 Kunstbrut

Küken ohne Henne: Die Technik macht es möglich

Neben den verschiedenen kulturellen und kulinarischen Bedürfnissen, die durch Hühner befriedigt werden können, ist die Möglichkeit der Kunstbrut einer der entscheidenden Gründe dafür, dass Hühner weltweit eine so zahlreiche Verbreitung gefunden haben. Durch die Kunstbrut und anschließende Aufzucht der Küken ohne Henne können die Hennen mehr Eier legen und eine deutlich größere Anzahl an Küken schlüpfen.

Eier für die Kunstbrut können über einen Zeitraum von 14 Tagen bis zu drei Wochen gesammelt werden, bevor mit der Brut begonnen wird. Bruteier müssen allerdings sorgfältig gelagert werden: mit dem dicken Ende nach oben, damit die Luftblase an der richtigen Stelle bleibt, bei Temperaturen zwischen acht und 15°C und in sauberer Umgebung. Auch die Eier müssen sauber sein und dürfen nicht gewaschen werden, um die äußere Schutzschicht auf dem Ei nicht zu zerstören. Außerdem sollten die Eier mindestens einmal am Tag um die Längsachse gewendet werden, um ein Verkleben der Keimscheibe an der Eischale zu verhindern.

Für eine erfolgreiche Kunstbrut sind drei Faktoren ausschlaggebend: die konstante Temperatur von gut 37°C, eine Luftfeuchtigkeit von 55 Prozent, die zum Ende der Brut ansteigt, sowie die regelmäßige Wendung der Eier. Im Handel sind Geräte in allen Größen erhältlich, die diese Anforderungen in unterschiedlicher Qualität erfüllen. Es ist zu bedenken, dass falsche (besonders zu hohe) Temperaturen und falsche Luftfeuchtigkeit zum Absterben der Eier oder Missbildungen bei den Küken führen können. Wenn man es einmal selbst mit der Kunstbrut versuchen will, muss man die anschließende Aufzucht der Küken sicherstellen, denen man die wärmende Glucke ersetzen muss. Außerdem sollte man sich Gedanken darüber machen, wie man mit den sicher auch schlüpfenden Hähnen umgehen will, wenn sie erwachsen sind und zu krähen anfangen und sich bekämpfen.

In Kleinanzeigenportalen werden im Frühjahr oft Bruteier angeboten. Gut verpackt können Eier per Post verschickt werden. Meist schlüpfen aus Versandeiern allerdings weniger Küken, weil die Eier durch den Transport leiden. Unseriöse Anbieter verkaufen verschmutzte oder zu leichte Eier. Wenn man die Eier persönlich abholt, ist der Transport schonender, und man kann die Eier vor dem Kauf ansehen.

76 Kükenaufzucht ohne Glucke

Für einen guten Start ins Hühnerleben

Die Aufzucht von Küken ohne Glucke setzt voraus, dass man ihnen die Wärme und den Schutz bietet, den sie sonst bei der Glucke finden würden. Es gibt verschiedene Wärmequellen für Küken: In Großbetrieben werden ganze Ställe auf 35 °C aufgeheizt. Für größere Gruppen von Küken gibt es Wärmelampen. Das sind entweder Dunkelstrahler aus Keramik oder rot leuchtende Infrarotstrahler. Letztere benötigen sehr viel Energie, und rotes Licht verhindert, dass die Küken einen Tag-Nacht-Rhythmus haben. Das kann zu Aggressivität und Federpicken führen. Eine andere Möglichkeit, besonders für kleinere Gruppen von Küken, sind Wärmeplatten, die es in verschiedenen Größen und Ausführungen gibt. Einige strahlen bei etwa 60 °C Wärme ab, andere werden nur ungefähr 40 °C warm und müssen Kontakt zum Küken haben. Die Platten sind darum höhenverstellbar. In den ersten drei Wochen brauchen Küken Bereiche im Stall mit 30 bis 35 °C. Ab der dritten Woche entwickeln die Küken Federn und benötigen nicht mehr so viel Wärme. Bis zur fünften Woche sollten es aber noch 20 °C sein. Spezielle Kükenheime oder Aufzuchtställe sind hilfreich.

Kükenfutter liefert alle wichtigen Nährstoffe. Zusätzlich kann man (sauberen) Sand anbieten, das ist gut für die Verdauung. Eine Gefahr für Küken ist die Rote Kükenruhr, ein blutiger Durchfall, der oft tödlich verläuft. Man kann die Küken sehr einfach über das Trinkwasser impfen, was einen lebenslangen Schutz bietet. Alternativ gibt es Kükenfutter mit einem Medikamentenzusatz gegen Kokzidien. Das Futter darf aber nicht an erwachsene Tiere verfüttert werden.

Mit zunehmendem Alter benötigen die Küken mehr Platz und nutzen auch schon niedrige Sitzstangen. Für eine gute Entwicklung sollte, spätestens wenn das Gefieder ab der dritten oder vierten Lebenswoche vollständig ist, Auslauf angeboten werden. Dabei den Schutz vor Fressfeinden, auch aus der Luft, nicht vergessen.

Während der Aufzucht müssen Küken gegen die Newcastle-Krankheit grundimmunisiert werden. Der Tierarzt ist hier der richtige Ansprechpartner, auch bei der Frage nach weiteren sinnvollen Schutzimpfungen.

77_Cluckingham Palace

Ein königliches Hobby

Architektur, Möbel und Literatur aus der Zeit der Regentschaft von Queen Victoria von England (1837–1901) werden als viktorianisch bezeichnet, obwohl die Königin in den seltensten Fällen selbst dafür verantwortlich gewesen sein dürfte. Im Gegensatz dazu hat sie jedoch sehr nachhaltige (im Sinne von: sich wieder erneuernde) Spuren in der Welt der Hobby- und Wirtschaftsgeflügelzucht hinterlassen.

In der Zeit von Königin Victoria war Großbritannien als Kolonialmacht in vielen Regionen der Welt vertreten. Die Königin hatte eine Vorliebe für exotische Tiere, die sie als Geschenke erhalten hatte. Mit ihrem Mann, Prinz Albert, teilte sie die Liebe zum Geflügel. Albert brachte bereits Ziergeflügel mit nach England und ließ die großen königlichen Volieren (schon eher eine Geflügelfarm) im Schlosspark von Windsor Castle umbauen und erweitern. Durch die von der Königin ausgelöste Begeisterung kamen asiatische Hühner ins Land und wurden mit heimischen Rassen gekreuzt. Ein berühmtes Ergebnis solcher Kreuzungen sind die Orpington-Hühner, die als britische Rasse gelten. Sie waren die Lieblingshühner von Queen Mum, die Schirmherrin der Buff Orpington Society war.

Auch ihr Enkel, König Charles III., züchtet Hühner auf seinem Landsitz Highgrove House, der den Spitznamen Cluckingham Palace trägt. In der Vergangenheit (als Charles noch Prinz war) wurden dort mit Unterstützung des Poultry Club of Great Britain Kurse in Hühnerhaltung angeboten. Es wurde berichtet, dass Prinz Charles persönlich den Inhalt der Kurse geprüft hatte. Sein Sohn Harry und dessen Frau Meghan sind ebenfalls Hühnerfreunde: Meghan hält gerettete Hühner aus der Wirtschaftsgeflügelhaltung. Solche Hühner haben auch in den Kensington Gardens, einem der insgesamt acht königlichen Parks in London, einen Platz gefunden: Sie leben in dem kleinen, von Freiwilligen gepflegten Nutzgarten.

Der Gemeinschaftsgarten der Londoner Kensington Gardens (The Allotment in Kensington Gardens) liegt mitten im Park in der Nähe der Serpentine North Gallery und der Parkverwaltung. Für die Öffentlichkeit ist er täglich von 10 bis 16.30 Uhr geöffnet.

78__Hühner als Haustiere?
Ein lohnendes Hobby für die ganze Familie!

Warum Hühner halten, wenn es frische Eier doch in jedem Supermarkt zu kaufen gibt? Abgesehen von der Versorgung mit frischen Eiern, zu deren Herkunft man keine Fragen hat, kann die Haltung von Haushühnern entspannend, lustig und überraschend unterhaltsam sein.

Hühner sind vergleichsweise kostengünstig im Unterhalt und liefern als Gegenleistung Eier, die aufgrund des vielfältigen Grünfutters mehr wertvolle Omega-3-Fettsäuren enthalten. Für Gartenfreunde ist der hochwertige Hühnermist frisch oder kompostiert ein praktischer Bonus. Hühner können auch dabei helfen, im Gemüsegarten die Käfer und Raupen in Schach zu halten – allerdings muss man den Zutritt zum Garten zeitlich begrenzen, damit sie nicht die Pflanzen ausgraben oder fressen.

Wie Katzen oder Hunde sind auch Hühner kleine Persönlichkeiten mit individuellen Eigenarten, die man bei näherer Beschäftigung mit den Tieren entdeckt. Hühner sind sehr soziale, kontaktfreudige Tiere, die ihre Menschen erkennen und zutraulich werden. Es gibt viele verschiedene Hühnerrassen, die sich durch eine erstaunliche Vielfalt an Mustern, Farben, Größen und Formen auszeichnen und im Garten unglaublich dekorativ wirken. Hühner sind auch tolle Haustiere für Kinder. Sie sind niedlich, werden zahm und lassen sich auf den Arm nehmen. Für Kinder ist die Hühnerhaltung eine wunderbare Möglichkeit, den Umgang mit und die Sorge für andere Lebewesen zu lernen, Verantwortungsbewusstsein zu entwickeln und den Kreislauf des Lebens zu erfahren.

Auch in kleineren Gärten kann man mit guter Einrichtung und entsprechender Auswahl der Rasse Hühner halten. Der Aufwand für die tägliche Pflege ist nicht sehr hoch, und es gibt kleine technische Helfer, die beispielsweise das Öffnen und Schließen der Stalltür übernehmen. Schließlich macht es viel Freude, die wunderschönen Tiere beim Streifzug durch den Garten zu beobachten.

Abergläubische Seeleute sind davon überzeugt, dass Hexen in Eierschalen über das Meer segeln können. Darum sollen Eierschalen immer zerbröselt werden.

79 Realitätscheck
Passen sie zu unserem Leben?

Wenn die Anschaffung von Hühnern erwogen wird, ist ein Realitätscheck angesagt. Lassen sich die Bedürfnisse der Hühner mit dem Alltag und der eigenen Lebensplanung in Einklang bringen? Schließlich übernimmt man mit der Anschaffung von Hühnern die Verantwortung für diese Lebewesen und sollte auch für eine absehbare Zukunft dazu bereit und in der Lage sein.

Hühner benötigen einen vor Raubtieren sicheren Unterschlupf, genügend Platz, ständig frisches Wasser und regelmäßig Futter. Die Größe eines Hühnerhauses richtet sich nach der Zahl und Art der Hühner. Als Orientierung werden für die Hobbyhaltung drei bis vier normalgroße oder sechs Zwerghühner je Quadratmeter Stallfläche empfohlen. Zusätzlich brauchen die Hühner einen Auslauf im Garten oder in einer Voliere, die zusätzlichen Schutz bietet. Futter und Einstreu müssen trocken und geschützt vor Mäusen in der Nähe des Stalls gelagert werden.

Auch wenn der Versorgungsaufwand nicht sehr groß ist, brauchen die Hühner doch regelmäßig Aufmerksamkeit und etwas Zeit: Mindestens einmal täglich müssen die Tiere sowie das Futter- und Wasserangebot kontrolliert und die Eier eingesammelt werden. In der Urlaubszeit finden sich vielleicht nette Nachbarn, die (für ein paar Eier) einspringen? Der Stall sollte regelmäßig gesäubert und der Mist entsorgt oder kompostiert werden. Wenn die Hühner Freilauf genießen sollen, muss man ihre Spuren im Garten akzeptieren.

Die Nachbarn sind nicht nur für die Urlaubsplanung ein wichtiges Thema: Leider gibt es immer wieder Fälle, in denen sich ein erbitterter Streit an den Geräuschen oder Gerüchen aus der Hühnerhaltung entzündet. Im Gespräch mit den Nachbarn sollten Bedenken erfragt werden. Durch die Platzierung des Stalls und die Bauweise lässt sich die Geräuschbelastung beeinflussen. Nicht zuletzt sind auch die Kosten zu bedenken, die für den Stall, die Tiere und ihr Futter anfallen.

In der Mythologie des Mittelalters ist der Basilisk ein Mischwesen aus Schlange und Hahn, dessen Blick und Atem tödlich sind. Es gibt unterschiedliche Versionen zu seiner Entstehung, aber häufig schlüpft er aus einem Ei, welches ein sieben Jahre alter Hahn gelegt hat und von einer Schlange, Kröte oder in einem Misthaufen ausgebrütet wurde. Aus seiner Asche würden Alchemisten Gold herstellen.

80__ Was kostet das Gluck?

Rechenbeispiele

Für den Einstieg in die Hühnerhaltung ist die Anschaffung oder der Bau eines geeigneten Hühnerstalls meist der größte Kostenpunkt. Solide Ställe für eine Gruppe von sechs normalgroßen Tieren kann man für etwa 400 Euro selbst zimmern (wenn Werkzeug schon vorhanden ist). Fertige Ställe in guter Qualität kosten ab 800 Euro aufwärts. Es gibt auch günstigere Angebote, die man aber sehr genau prüfen sollte: Sind sie stabil, gut zu reinigen und groß genug? Eine Voliere als gesicherter Auslauf kann sinnvoll sein. Einfache Metallgestänge mit Drahtgeflecht kosten ab 300 Euro. In der Regel ist ein Zaun erforderlich, um den Auslauf der Hühner zu begrenzen. Die Kosten können die des Stalls auch übersteigen. Ein einfacher mobiler Hühnerzaun aus Kunststofflitze von 50 Meter Länge kostet ungefähr 120 Euro. Diese Zäune sind (nur) 112 Zentimeter hoch und für Hühner nicht unüberwindbar, aber oft ausreichend. Die nötigste Einrichtung (Futtertrog und Tränke) schlägt noch einmal mit ungefähr 40 Euro zu Buche. Technische Helfer wie eine automatische Hühnerklappe kosten 150 bis 200 Euro.

Nachdem die Grundausstattung vergleichsweise große Investitionen erfordert, sind die Tiere, um die es eigentlich geht, eher günstig: Hybriden sind normalerweise für deutlich weniger als 20 Euro zu bekommen. Rassehühner kosten meist ab 30 Euro. Besondere Rassen oder hochwertige Zuchttiere auch deutlich mehr. Pro Tag benötigt eine Henne ungefähr 130 Gramm Futter. Pro Henne und Monat belief sich das im Frühjahr 2023 auf Futterkosten zwischen 3,10 Euro (konventionelles Legehennen-Alleinfutter) und 6,40 Euro (Bio-Legehennen-Alleinfutter). Einstreu wie beispielsweise Hanf oder Sägespäne kosten zwischen zehn und 20 Euro im Jahr. Die Pflichtimpfungen sind bei mir im Jahresbeitrag des Geflügelzuchtvereins von 25 Euro enthalten. Für Wurmkuren, Tierarzt und Stallhygiene (Milben) fallen weitere Kosten an.

Kleinere Gehege lassen sich auch aus Estrich-Gittermatten mit einer Gitterweite von fünf mal fünf Zentimetern leicht aufstellen. Eine Matte ist zwei Meter lang und einen Meter breit (hoch) und kostet ungefähr fünf Euro.

81 Rent a chick
Hühnerhaltung ausprobieren

Seit einigen Jahren sind Hühner als Haus- beziehungsweise Garten- und Nutztiere wieder sehr beliebt. Im eigenen Garten mit vergleichsweise wenig Aufwand wunderbar frische Hühnereier zu erzeugen scheint eine gute Möglichkeit, sich von der aus vielen Gründen kritisierten Wirtschaftsgeflügelhaltung unabhängig zu machen. Aber ist der Garten wirklich groß genug? Wie lässt sich die Versorgung der Tiere in den Alltag einbauen? Wie ist der Umgang mit den Tieren? Und was sagen die Nachbarn?

Das alles kann man ausprobieren, wenn man sich eine Gruppe Hühner mietet, anstatt gleich mit der Anschaffung von Stall, Tieren und allem Zubehör in die Hühnerhaltung einzusteigen und die Verantwortung für die Tiere zu übernehmen. In den letzten Jahren sind viele solcher Angebote entstanden, die unter so schönen Namen wie »handle my hendl«, »rent a chick«, »Huhn to Go« oder »Chicken on Tour« firmieren. In der Regel läuft die Hühnervermietung nur in der gartentauglichen Jahreszeit. Meist werden Gruppen von vier oder fünf Hühnern mit Stall, Steckzaun, Futter, Einstreu, Sandbad, Tränke und Trog vermietet. Ein Hahn ist normalerweise nicht dabei – wegen der Nachbarschaft. Die transportablen Ställe bieten kaum Schallschutz. Es gibt eine Einweisung für den Umgang mit den Tieren und die Fütterung. Manche Anbieter haben »bunte« Hühnergruppen, die verschiedenfarbige Eier legen.

Neben dem Privatgarten eignen sich solche Miethühner auch für Kurzzeitprojekte in Schulen und Kindergärten oder Altenheimen.

Tierschützer sehen die Hühnervermietung kritisch. Sie befürchten, dass die Hühner so als Objekte wahrgenommen werden, die beliebig abgeschoben und weitergereicht werden können. Die Ortswechsel sowie wechselnde Bezugspersonen seien eine Belastung für die Tiere. Andererseits landen vermehrt Hühner in Tierheimen, weil die Besitzer mit der Haltung und Pflege überfordert sind und keinen Weg finden, die Tiere verantwortungsvoll abzugeben.

Die Appenzeller Spitzhauben sind eine seltene, in der Schweiz beheimatete Rasse, die besonders robust und an die Klimabedingungen des Hochgebirges angepasst ist. Der kleine Kamm und das Federbüschel auf dem Kopf schützen vor Erfrierungen. Die Hühner sind klein und leicht und segeln angeblich gern vom Berg zurück zum Stall. Sie gelten als wachsam und wehrhaft und legen etwa 150 weiße Eier im Jahr.

82 Rechtliches

Ein paar Regeln gilt es zu beachten

Entscheidet man sich für die Haltung von Hühnern, sind einige wenige Pflichten zu beachten. Die Mindestanforderungen an die Haltung und Versorgung von Hühnern sind in der Tierschutz-Nutztierhaltungsverordnung, kurz: TierSchNutztV, geregelt. Sie betreffen die Mindestflächen und Sitzstangenlängen und zielen natürlich eher auf die wirtschaftliche Geflügelhaltung. Trotzdem sind einige Regeln auch für die Unterbringung und Haltung von Hobbyhühnern relevant. So müssen alle Hühner artgemäß fressen, trinken, ruhen, staubbaden sowie ein Nest aufsuchen können, und Sitzstangen sollten ein ungestörtes, gleichzeitiges Ruhen ermöglichen.

In der Baunutzungsverordnung gelten Hühner als »Kleintiere« wie beispielsweise Meerschweinchen und dürfen selbst in reinen Wohngebieten gehalten werden. Es gilt jedoch das Gebot der Rücksichtnahme, sodass Absprachen mit den Nachbarn und gegebenenfalls schalldämmende Maßnahmen unbedingt zu empfehlen sind. Für den Bau eines festen Hühnerstalls ist das Baurecht zu beachten, das sich in den Bundesländern unterscheiden kann. Kleine mobile Ställe brauchen keine Genehmigung.

Vier Dinge sind für jeden Hühnerhalter ein Muss: 1.) die Anmeldung beim zuständigen Veterinäramt, damit die Behörde im Fall von Tierseuchen weiß, wo Hühner gehalten werden; 2.) die Anmeldung bei der Tierseuchenkasse, in Bayern auch beim Amt für Ernährung und Landwirtschaft (je nach Bundesland etwas unterschiedliches Vorgehen und unterschiedliche Kosten), 3.) das Führen eines Bestandsregisters (Zu- und Abgänge) und Behandlungsbuchs (Medikamentenanwendung) und 4.) die regelmäßige Impfung gegen die Newcastle-Krankheit, die in Deutschland gesetzlich verpflichtend ist. Weil Impfstoffe nur für große Wirtschaftsgeflügelbestände hergestellt werden und geflügelkundige Tierärzte rar sind, helfen lokale Geflügelzuchtvereine oft dabei, die Pflichtimpfungen für alle Mitglieder zu organisieren.

Wyandotten wurden um 1900 in den USA als Lege- und Fleischhühner mit der besonderen gesäumten Federzeichnung gezüchtet. Deutsche Wyandotten gibt es in 20, die noch beliebteren Deutschen Zwerg-Wyandotten in 29 Farben. Die Hennen legen etwa 180 hellbraune Eier, brüten aber auch sehr gern und sind gute Mütter.

83_ Welche Hühner sind gut?
Alte Rassen oder Hochleistungshybriden?

Wenn man sich eigene Hühner zulegen möchte, hat man die Wahl zwischen leistungsstarken Hybriden oder Rassegeflügel. Am weitesten verbreitet sind Hybridhühner, die man auf Geflügelmärkten oder bei Geflügelhändlern kaufen kann. Meist sind sie braun oder weiß und dafür gezüchtet, in einem Jahr mehr als 300 Eier zu legen. Es gibt auch Legehybriden in anderen Farben: schwarz-braune, gestreifte Blausperber oder weiße Hühner mit schwarzem Kragen, blau-graue Königsberger, Grünleger und Schokoleger, die auch als Marans verkauft werden.

Solche Hybriden stammen aus der Wirtschaftsgeflügelzucht und sind keine reinrassigen Tiere. Lässt man Eier dieser Tiere ausbrüten (so man denn einen Hahn dabeihat), werden die Nachkommen anders aussehen. Es gilt auch zu bedenken, dass zu jeder Hybridhenne auch ein entsprechender Hahn geschlüpft ist. Der Verbleib dieser Hähne ist oft unklar: In Deutschland ist das Kükentöten verboten, aber viele Küken werden ins benachbarte Ausland exportiert. Ob sie dort aufgezogen werden, bleibt ungewiss. Durch die vergleichsweise hohe Legeleistung, die genetisch vorgegeben ist, brauchen Hybridhennen hochwertiges Futter (Legehennen-Alleinfutter), um ausreichend Nährstoffe zu bekommen und gesund zu bleiben. Sie passen sich mit der Legeleistung kaum an ein weniger reichhaltiges Futterangebot an und können bei Kalzium- oder Eiweißmangel krank werden.

Wenn es nicht in erster Linie darum geht, möglichst viele Eier von den Hühnern zu bekommen, ist auch Rassegeflügel eine attraktive Möglichkeit. Die Legeleistung ist meist deutlich geringer und die Anforderungen an die Fütterung daher nicht so hoch. Die Auswahl an Rassen, Farben und Formen ist riesig, das Angebot entsprechender Hühner aber oft nicht: Normalerweise bekommt man Rassehühner direkt beim Züchter. Kontakte gibt es über örtliche Geflügelzuchtvereine oder die gängigen Kleinanzeigenportale.

Hühner mit der auffälligen Federhaube wurden in Darstellungen und anhand von Knochen-
funden bereits im ersten Jahrhundert in Ägypten und Europa nachgewiesen. Es sind eher
leichte Landhühner, die etwa 120 weiße Eier legen. Sie gelten als robust und zutraulich.
Die manchmal zu üppige Federhaube muss gelegentlich etwas gestutzt werden, damit die
Hühner gut sehen und Futter finden können.

84__Hühner kaufen

Wann ist die beste Zeit und wo findet man sie?

Rassehühner gibt es nicht im Kaufhaus, sondern bei privaten und einigen professionellen Züchtern sowie spezialisierten Händlern. Angebote findet man in Kleinanzeigenportalen oder im direkten Kontakt, beispielsweise über Geflügelzuchtvereine und gelegentlich auf Kleintiermärkten. Private Hühnerhalter nutzen meist das Frühjahr für die Zucht. Hennen kommen dann in Brutstimmung, Tageslichtlänge und Witterungsbedingungen sind günstig für die Aufzucht, und die Jungtiere können schnell nach draußen. Rassegeflügelzüchter möchten zudem, dass die Jungtiere bis zum Herbst, wenn die Ausstellungen stattfinden, fertig entwickelt sind.

Darum gibt es im April normalerweise sehr selten legereife, fünf bis sechs Monate alte Jungtiere von privaten Züchtern. Möchte man im Frühjahr mit der Hühnerhaltung beginnen und nicht auf Hybriden der Wirtschaftsgeflügelzucht zurückgreifen, kann man versuchen, ältere Küken zu kaufen. Die sollten aber schon ungefähr zwölf Wochen alt sein, damit man Hähne und Hennen sicher unterscheiden kann. Alternativ kann man im Frühjahr manchmal auch ausgewachsene Hühner aus dem vergangenen Jahr erwerben. Züchter haben dann vielleicht schon ausreichend Nachzucht von diesen Tieren und brauchen Platz für die nächste Generation. Rassehühner legen nicht nur eine Saison lang, und so können auch ältere Hühner ein guter Einstieg in die Hühnerhaltung sein.

Im Spätsommer sind die Jungtiere so weit entwickelt, dass die besten Tiere für die Weiterzucht und die Ausstellungen erkennbar sind. Hühner mit kleineren Abweichungen in der Gefiederzeichnung oder der Kammform werden dann verkauft. Mit den ersten Eiern kann man je nach Rasse und Aufzucht in einem Alter von fünf bis sechs Monaten rechnen. Fällt dieser Zeitpunkt allerdings auf die Monate Oktober bis Dezember (mit Tageslichtlängen von weniger als zwölf Stunden), kann es gelegentlich auch bis zum nächsten Jahr dauern.

Da Hühner grundsätzlich das ganze Jahr Eier legen, können auch zu jeder Jahreszeit Küken schlüpfen, wenn man Beleuchtung und Heizung bereitstellt. So wird es in der Wirtschaftsgeflügelhaltung praktiziert, und von entsprechenden Händlern kann man meist ganzjährig legereife Junghennen bekommen.

85 Bedrohungen

Fuchs, du hast das Huhn gestohlen ...

Hühner sind in ihrem Verhalten darauf ausgerichtet, sich vor Fressfeinden zu schützen. Die alten Verhaltensmuster genügen unter unseren wenig dschungelhaften Bedingungen leider nicht, um Hühner vollkommen zu sichern. Grundsätzlich gibt es zwei Angriffsrichtungen: Aus der Luft können Habichte und Sperber, in seltenen Fällen auch Bussarde und Krähen gefährlich sein. Als vierbeinige Angreifer am Boden kommen Füchse und Marder sowie Waschbären in Frage. Aber auch Hunde und Katzen können ein Problem sein, besonders für Küken oder Zwerghühner. Die Bedrohungslage ist regional sehr unterschiedlich. Erfahrungen benachbarter Geflügelhalter können wertvolle Hinweise geben.

Es gibt verschiedene Möglichkeiten, Hühner vor Angriffen zu schützen. Ein Hahn kann in der Gruppe eine wichtige Funktion als Wächter übernehmen. Dann benötigen die Hühner Versteckmöglichkeiten: Eine dichte Bepflanzung oder auch Schutzdächer können etwas Sicherheit vermitteln, allerdings lässt sich ein Habicht dadurch nicht unbedingt aufhalten. Die geschickten Flieger manövrieren auch unter Bäumen noch sehr zielsicher. Den besten Schutz vor Greifvögeln bietet eine Voliere oder ein übernetzter und umzäunter Auslauf. Im Fachhandel gibt es entsprechende Netze, die auch nicht zu engmaschig sein dürfen, damit nicht Laub und Schnee die Konstruktion zum Einsturz bringen.

Der wichtigste Schutz vor Räubern am Boden ist der nachts verschlossene Stall. Gerade am frühen Morgen und am Abend in der Dämmerung ist die Gefahr sehr groß, und Hühner sollten dann möglichst noch oder wieder im sicher verschlossenen Stall sein. Automatische Stallklappen mit Zeitschaltuhr und Dämmerungsschalter sind sehr hilfreich. Tagsüber kann eine sichere Umzäunung Schutz bieten. Eine einfache Form ist der stromführende mobile Hühnerzaun. Feste Zäune erfordern stärkere Sicherung gegen Untergraben oder Überspringen, beispielsweise durch Füchse.

Im Frühjahr bringen Füchse ihre Jungen zur Welt, die sie bis in den Sommer hinein füttern. Das ist die Zeit der meisten Fuchsangriffe. Gerät ein Fuchs in eine Voliere oder den Stall, kann es passieren, dass er in einem Beißreflex alle Tiere packt, die herumflattern, und so mehr Hühner tötet, als er fressen kann.

86 Hühner im Garten

Gartendekoration mit Unterhaltungsfaktor

Hühner im eigenen Garten zu beobachten kann wunderschön sein – oder der blanke Horror. Je nachdem, welche Idealvorstellung man von »Garten« hat und wie man die gemeinsame Nutzung mit den Hühnern organisiert.

Hühner lieben es, in lockerer Erde ein Staubbad zu nehmen, und scharren an den aus ihrer Sicht geeigneten Stellen dazu regelrechte Krater, die sie bevorzugt in Gruppen aufsuchen. Solche Landschaftselemente gehören (noch) nicht zu den üblichen Gestaltungselementen der Gartenplanung – obwohl sie im Vergleich zu manchen Kiesgärten ökologisch eindeutig mehr und optisch auch nicht unbedingt weniger zu bieten haben. Bereiche, in denen man solche Anlagen nicht tolerieren will, sollten vor Hühnern geschützt werden. Je nach Größe der Fläche kann auch ein zuvor dichter Rasen von den Hühnern zerstört werden. Der Trieb, im Boden nach allem möglichen Getier zu scharren, ist allen Hühnern gegeben. Man sagt, dass Hühner mit Federn an den Füßen (beispielsweise Federfüßige Zwerghühner) weniger scharren. Auf jeden Fall hinterlassen Hühner beim Freilauf im Garten ihren Mist – und zwar auch auf dem Rasen. Ist man barfuß unterwegs, wird man vermehrt den Boden betrachten beziehungsweise mit geeignetem Werkzeug Hühnerhäufchen aufsammeln.

Beliebte Aufenthaltsorte unter Büschen und Bäumen sind in der Regel unkritisch, weil die Hühner dort kaum gesehen werden. Nur wenn man im Stall vergeblich Eier sucht, lohnt auch ein Blick an diese verborgenen Plätze – gelegentlich haben sich die Hühner ein Freiluftnest angelegt.

Auf der »Haben«-Seite ist neben der Möglichkeit der Tierbeobachtung und vielfältigen Kontaktmöglichkeiten zu verbuchen, dass Hühner eine Menge lästiger Insekten und Käfer aufsammeln. Manche Gemüsegärtner gewähren den Hühnern aus diesem Grund zeitlich begrenzten Zutritt zu den Beeten. Aufsicht und Begrenzung sind nötig, wenn man Schäden an Pflanzen und Früchten vermeiden will.

Der Hahn kräht am kühnsten auf eigenem Mist. (Deutsches Sprichwort)

87__1, 2, 3 – ein Hahn dabei

Kann man Hühner ohne Hahn halten?

Die Frage nach dem Hahn, seiner Rolle und seinem Nutzen kann man aus verschiedenen Perspektiven betrachten. Für die Eiererzeugung ist der Hahn nicht erforderlich. Hühner legen auch ohne die Anwesenheit eines Hahns Eier, und zwar genauso viele wie mit einem Hahn in der Gruppe. Aus jeder Eizelle, die vom Eierstock freigesetzt wird, entwickelt sich ein Ei. Ohne Hahn sind die Eier allerdings nicht befruchtet, sodass man daraus keine Küken erbrüten kann.

Neben der Befruchtung der Eier und damit der Sicherstellung von Nachzucht hat der Hahn im Sozialgefüge der Hühnergruppe seine Aufgaben: Er wird normalerweise von allen Hennen als Autorität anerkannt und sorgt für Ordnung. Er kann bei Streitereien dazwischengehen, macht auf Futter und besondere Leckerbissen aufmerksam und zeigt den Hennen geeignete Nistplätze.

Eine wichtige Funktion ist auch die des Aufpassers. Er warnt, sobald sich ein Fressfeind nähert, und schützt so die Hühner. Aus diesem Grund leben auch in kommerziellen Freilandhaltungen manchmal Hähne. Hühner fühlen sich in der Anwesenheit eines Hahns beschützt.

Wenn kein Hahn in der Gruppe ist, übernimmt eine erfahrene Henne diese Rolle. Gelegentlich kann so eine Henne sogar anfangen zu krähen.

Die Haltung von Hähnen hat aus der menschlichen Perspektive aber auch Nachteile. So kann das laute Krähen das Verhältnis zu den Nachbarn und den eigenen Schlaf erheblich stören. Wenn die Hühnergruppe zu klein ist (weniger als fünf Hennen), kann es passieren, dass die Hühner auf dem Rücken die Federn verlieren, weil sie zu häufig vom Hahn »getreten« werden. Gelegentlich kann es vorkommen, dass Hähne ihr Revier und ihre Hennen auch gegen Menschen verteidigen. Besonders wenn auch Kinder Kontakt zu den Hühnern haben, kann das gefährlich sein. Ein aggressiver Hahn kann im Angriff sehr hoch springen und mit seinen Sporen kräftige Schläge verteilen.

Krähende Hennen fallen aus ihrer Geschlechterrolle, was für Verunsicherung sorgt. Das Sprichwort »Mädchen, die pfeifen, und Hennen, die krähen, muss man beizeiten die Hälse umdrehen« gibt es ganz ähnlich im Englischen und Französischen. In Frankreich werden auch tanzende Priester und Frauen, die Latein sprechen, eingeschlossen: »*Poule qui chante, prêtre qui danse, et femme qui parle Latin n'arrivent jamais à belle fin.*«

88 Inneneinrichtung
Möbel für die Hühner

Hühner brauchen nicht viele Einrichtungsgegenstände, aber Sitzstangen und Legenester, ein Scharrbereich und ein Staubbad müssen in jeder Hühnerhaltung vorhanden sein. Sitzstangen müssen einen Abstand von mindestens 20, besser 30 Zentimeter zur Wand und zur nächsten Sitzstange haben. Jedes Tier benötigt etwa 20 Zentimeter Platz auf der Stange, bei kleinen Hühnern reichen 15 Zentimeter. Die Form der Sitzstange ist wichtig, damit die Hühner bequem sitzen können und keine Druckstellen an den Fußballen entstehen. Die Fußballen sollen vollflächig auf der Sitzstange aufliegen können. Runde Sitzstangen sind nur bei ausreichender Dicke geeignet. Für kommerzielle Haltungen ist vorgeschrieben, dass runde Stangen mindestens einen Umfang von 100 Millimeter (Durchmesser größer als 32 Millimeter) haben müssen. Besser sind ovale Stangen oder Kanthölzer, die aber gehobelt sein sollten und unbedingt abgerundete Kanten haben müssen.

Legenester müssen mindestens 35 mal 25 Zentimeter groß sein (bei sehr großen Rassen auch mehr). Es gibt viele unterschiedliche Modelle zu kaufen und viele Lösungen zum Selbstbasteln. Gern werden auch Katzentoiletten »umfunktioniert«. Viele Anregungen finden sich im Internet. Man sollte darauf achten, dass die Nester gut zu reinigen sind und keine Verstecke für die rote Vogelmilbe bieten. Außerdem muss es möglich sein, Einstreu ins Nest zu geben, damit die Hühner es annehmen und Brucheier vermieden werden.

Der Scharrbereich ist normalerweise der Stallboden mit geeigneter Einstreu. Die muss locker sein, damit die Hühner darin picken und scharren können. Das Staubbad kann trockener Naturboden im überdachten Außenbereich sein. Im Stallbereich nehmen Hühner gern auch eine Kiste mit Gesteinspulver oder Naturboden für die Gefiederpflege an. Sand ist übrigens nicht so attraktiv – es soll schon stauben. Mit dem Staubbad kann auch dem Befall mit Milben etwas vorgebeugt werden.

Die Vorschriften für die erwerbsmäßige Haltung von Legehennen und Masthühnern sind in der Tierschutz-Nutztierhaltungsverordnung (TierSchNutztV) festgeschrieben. Für Hobbyhalter sollte es selbstverständlich sein, die dort formulierten Mindestanforderungen einzuhalten. Danach müssen alle Legehennen artgemäß fressen, trinken, ruhen, staubbaden sowie ein Nest aufsuchen können.

89 Umziehen, bitte

Hormone sorgen für ein schönes neues Federkleid

Wenn das Gefieder der Hühner plötzlich aussieht wie eine Lumpenjacke, dann ist es wahrscheinlich so weit – die Hühner mausern. Dabei handelt es sich um einen natürlichen Prozess, in dem alte und kaputte Federn erneuert werden. Gleichzeitig ist diese Zeit eine Regenerationsphase für die Reproduktionsorgane, denn während der Mauser werden keine Eier gelegt. Die Nährstoffe werden für die Bildung der neuen Federn benötigt.

Erwachsene Hühner mausern in der Regel zum ersten Mal im Alter von etwa 18 Monaten. Auslöser sind hormonelle Veränderungen nach längerer Legetätigkeit und bei abnehmender Tageslichtlänge. Darum findet die Mauser häufig im Spätsommer oder Herbst statt. Es dauert ungefähr acht bis zwölf Wochen, bis das Gefieder wieder vollständig ist.

Wie so oft bei biologischen Prozessen gibt es große Variationen: Manche Hennen mausern nach dem ersten Jahr gar nicht oder kaum sichtbar, manche erst mitten im Winter, oder sie benötigen mehrere Monate, um die Federn zu erneuern. Die Mauser kann auch durch andere Faktoren ausgelöst werden: Stress (beispielsweise wenn Junghennen in eine neue Gruppe integriert werden) kann zur Mauser führen. Ein anderer Auslöser ist Futtermangel. Man hat beobachtet, dass wild lebende Vögel einige Zeit die Nahrungsaufnahme einschränken, um dann zu mausern. Dies kann absichtlich herbeigeführt werden, um eine ganze Gruppe von Hennen gleichzeitig in die Mauser und dann in einen zweiten Legezyklus zu bringen. Allerdings sind besondere Anforderungen zu beachten, um den Tierschutz nicht zu gefährden. So dürfen nur gesunde Tiere in eine sogenannte Zwangsmauser gebracht werden. Sie dürfen nicht hungern, sondern erhalten besonders energiearmes Futter aus Kleie und Hafer und müssen besonders gut überwacht werden. Während der Mauser kann man die Hühner mit einer Vitamingabe und proteinreichem Futter (beispielsweise einer Prise Bierhefe) unterstützen.

Hühner mausern mehrfach während ihrer Jugend. In der ersten Mauser in den ersten zwei bis drei Lebenswochen tauschen die Küken ihre flaumigen Dunen gegen echte Federn. Während der zweiten Jugendmauser im Alter von acht bis zwölf Wochen ersetzen sie die »Baby«-Federn. Dann beginnt auch das Ziergefieder der Hähnchen, spitz zulaufende Sattelfedern und Schwanzsicheln, zu wachsen.

90___Hühner im Winter
Aus dem Dschungel in den Schnee

Haushühner sind sehr anpassungsfähig und leben in allen Klimazonen der Erde. Kälte macht ihnen wenig aus, denn das Gefieder ist eine gute Isolierung. Einige Dinge gibt es aber zu beachten. Schlimmer als Frost ist feuchte, ammoniakhaltige Stallluft, die den empfindlichen Atmungsorganen schadet. Frischluft kann beispielsweise durch offene Giebel in den Stall gelangen. Zugluft sollte aber vermieden werden. Reichlich trockene Einstreu oder Kompoststreu, die Wärme erzeugt, ist vorteilhaft. Außer für Küken, die ohne Glucke aufgezogen werden, braucht es aber keine Heizung.

Ein Problem sind gefrierende Tränken. Wenn ein Stromanschluss vorhanden ist, können elektrische Tränkewärmer eine große Hilfe sein. Außerhalb des eingestreuten Stalls (wegen der Feuergefahr) kann man aus Betonfertigelementen und einem Grablicht eine Tränkeheizung ohne Stromanschluss basteln.

Bei Temperaturen, die in den zweistelligen Minusbereich gehen, besteht bei Rassen mit großen Kämmen und Kehllappen die Gefahr von Erfrierungen. Hier kann man vorbeugen, indem man die ungeschützte Haut mit Vaseline einschmiert.

Grundsätzlich benötigen Hühner bei tiefen Temperaturen mehr Energie, um ihre Körpertemperatur aufrechtzuerhalten. Wenn Futter zur freien Verfügung steht, nehmen sich die Hühner, was sie brauchen. Wenn man Futter zuteilt, sollte man am Nachmittag eine Extraportion Körner füttern. Die sind energiereich, werden im Kropf gespeichert und stehen in der langen Nacht als Energiequelle zur Verfügung.

Wenn die Dauer des Tageslichts unter zwölf Stunden sinkt (circa von Oktober bis März), hören die meisten Hühner aufgrund sinkender Hormonspiegel auf, Eier zu legen. Will man auch im Winterhalbjahr Eier, muss man mit künstlichem Licht den Tag verlängern.

Auch bei Schnee dürfen Hühner in den Auslauf. Gern nehmen sie einen vom Schnee befreiten Bereich an und genießen die Sonnenstrahlen, besonders an windgeschützten Stellen.

Der Rat der Füchse ist für Hühner gefährlich. (Spanisches Sprichwort)

91_Winterpause
... oder Beleuchtung im Stall?

Wie bei allen Lebewesen wird auch bei Hühnern die Reproduktion durch Hormone geregelt. Das auschlaggebende Hormon für den Eisprung ist das luteinisierende Hormon (kurz: LH). Die Produktion dieses Hormons wird bei Hühnern durch Licht angeregt. Die meisten Hennen legen nur dann Eier, wenn sie mindestens zwölf, besser 14 Stunden Licht pro Tag haben. In unseren Breiten ist das im Winterhalbjahr (ab Ende September) nicht mehr der Fall.

In der gewerblichen Hühnerhaltung ist darum die künstliche Beleuchtung selbstverständlich, schließlich wollen Verbraucher auch im Winter Eier essen, und auch das Winterfutter muss bezahlt werden. Auch für die eigene Hühnerhaltung kann das ein Argument für künstliches Licht im Stall sein.

Wenn man im zeitigen Frühjahr Bruteier sammeln möchte, muss man die Tage rechtzeitig mit künstlichem Licht verlängern. Dabei sind einige Dinge zu beachten: Die Dauer sollte nur langsam verlängert werden, ungefähr 30 bis 60 Minuten je Woche. Zu schnelle Wechsel bedeuten Stress für die Hühner und können beispielsweise eine Stressmauser auslösen. Mindestens acht Stunden sollte es dunkel sein, damit der Tagesrhythmus und die wichtige Melatoninproduktion erhalten bleiben. Die Lichtperioden sollten regelmäßig sein. Das geht gut mit einer Zeitschaltuhr. Es ist sinnvoll, den Tag morgens zu verlängern, denn wenn abends plötzlich das Licht ausgeht, finden die Hühner nicht mehr auf die Sitzstangen.

Hühner benötigen nicht viel Licht, 20 bis 30 Lux genügen in Hühnerställen. Zum Vergleich: In öffentlichen Gebäuden sollten Flure mit 150 Lux beleuchtet werden. Neonröhren sind für Hühner ungeeignet, weil sie als Flackern wahrgenommen werden. Lichtwellen aus dem roten bis gelben Spektrum werden besser wahrgenommen als blaues Licht. Es gibt allerdings einige Rassen, die auch bei kurzen Tagen Eier legen (Winterleger), beispielsweise Sundheimer, Welsumer oder Orpington.

Man kann kein Omelett machen, ohne Eier zu zerschlagen. (Englisches Sprichwort)

92 Diskothek im Stall
Warum Leuchtstoffröhren tabu sind

Vögel und damit auch Hühner besitzen ein besonders gut entwickeltes Sehvermögen. Ihre Netzhaut verfügt über fünf Arten von Zapfen, vier für das Farbensehen und einen Doppelzapfen. In den Zapfen sind winzige farbige Öltröpfchen eingelagert, die sich in den Enden der Sehnerven befinden und Licht unterschiedlicher Wellenlängen filtern. Der Effekt ist vergleichbar mit der Wirkung von gelb getönten Brillen, die beispielsweise von Sportschützen verwendet werden und den Kontrast erhöhen. Hühner filtern mehrere Wellenlängen und sehen so kontrastreicher, heller und empfindlicher als wir. Darum reicht ihnen auch eine geringe Beleuchtungsstärke von 30 Lux im Stall, um sich orientieren zu können. Die Funktion und Bedeutung der Doppelzapfen ist nicht endgültig geklärt, steht aber mit der sehr guten Bewegungswahrnehmung von Hühnern in Zusammenhang.

Hühner sind in der Lage, Schwankungen oder Lichtimpulse zu sehen, die wir nicht wahrnehmen können. Sie sehen bis zu 160 Einzelbilder pro Sekunde, während wir Menschen schon ab 16 Bildern je Sekunde einen Film wahrnehmen. Das ist von Bedeutung, wenn es um die Beleuchtung im Hühnerstall geht: Leuchtstoffröhren haben bedingt durch die Frequenz im allgemeinen Stromnetz mit Wechselstrom Hell-Dunkel-Phasen in einer Frequenz von 100 Hertz. Hühner sehen dieses Flimmern wie stroboskopische Lichteffekte in der Disco. Bewegungen erscheinen als eine Abfolge stehender Bilder. Was beim Tanzen ein kurzzeitig interessanter Effekt sein kann, bedeutet für Hühner Dauerstress und kann zu Federpicken oder anderen Verhaltensstörungen führen. In der kommerziellen Geflügelhaltung werden daher elektrische Vorschaltgeräte verwendet, die die Frequenz auf etwa 30.000 Hertz erhöhen. Eine vergleichsweise kostengünstige Alternative, die auch für die Hobbyhaltung geeignet ist, sind spezielle flackerfreie LED-Energiesparlampen für Hühnerställe oder der Betrieb der Beleuchtung in einem 12 Volt Netz über Batterien (Gleichstrom).

Wie sehr sich die Welt auch verändern mag, Katzen werden niemals Eier legen. (Sprichwort aus Mali)

93__Das dritte Auge

Es bestimmt die innere Uhr der Hühner

Hühner brauchen Licht, um ihre Umgebung sehen und Futter finden zu können. Licht ist für Hühner aber auch von entscheidender Bedeutung für den Sexualzyklus, also für die Produktion von Eiern. Alle Prozesse um die Reifung von Eifollikeln und den Eisprung sind auch beim Huhn durch Hormone gesteuert. Es gibt stimulierende Hormone, die die Reifung von Eizellen anregen, und Gegenspieler, die diesen Prozess unterdrücken. Beide werden beim Huhn direkt und indirekt durch Licht gesteuert. Die Besonderheit bei Vögeln und auch Reptilien liegt darin, dass sie lichtempfindliche Zellen direkt im Gehirn (in der Zirbeldrüse und im Hypothalamus) haben und so Tag und Nacht und sogar Jahreszeiten wahrnehmen können, selbst wenn sie blind sind. Die Zirbeldrüse liegt bei Hühnern nah unter der Haut, sodass sie von Lichtwellen erreicht wird. Darum wird die Zirbeldrüse auch das »dritte Auge« genannt (bei Säugetieren wird die Zirbeldrüse ausschließlich indirekt über die Augen und Sehnerven beeinflusst). Die Zirbeldrüse ist durch die Bildung von Melatonin für die Steuerung des Tagesrhythmus verantwortlich. Der Hypothalamus ist über die Hormonbildung an der Steuerung der Fortpflanzung beteiligt.

Licht fördert die Ausschüttung der stimulierenden Hormone. Das bei Dunkelheit produzierte Melatonin fördert die Ausschüttung des Gegenspielers, der das stimulierende Hormon unterdrückt. Ab einer 14-stündigen Dauer des Tageslichts, beziehungsweise der entsprechenden Verkürzung der Dunkelphase unter zehn Stunden, wird nur noch so wenig Melatonin produziert, dass die stimulierenden Hormone überwiegen und die Hennen beginnen, Eier zu legen. Allerdings ist auch eine ausreichende Dunkelphase von mindestens acht Stunden wichtig, denn Melatonin ist nicht nur für den lebenswichtigen Schlaf verantwortlich. Es fördert auch die Aufnahme von Kalzium, was gerade bei Legehennen für die Knochengesundheit sehr wichtig ist.

Die Marans-Hühner entstanden in der Mitte des 19. Jahrhunderts in der Gegend der Stadt Marans. Die Lage an der französischen Atlantikküste brachte mit sich, dass von den Schiffen Kampfhähne unterschiedlicher Herkunft ihren Weg in die Gegend fanden. Aus Kreuzungen mit heimischen Landhühnern entwickelte sich die Rasse, die vor allem wegen der dunkelrotbraunen Eier geschätzt wird.

94 Sonntags auch mal zwei?
Das biologische Limit beim Eierlegen

Im Eierstock des Huhns reifen nicht nur die befruchtungsfähigen Eizellen, es bilden sich auch die nährstoffreichen Dotterkugeln, die jeder Eizelle zum Zeitpunkt des Eisprungs mitgegeben werden. Während alle Säugetiere einen Zyklus zwischen den Eisprüngen haben, damit ein Embryo die Chance hätte, sich in der Gebärmutter einzunisten, gibt es bei Vögeln keine längere hormonell bedingte Pause zwischen zwei Eisprüngen. Die komplexe hormonelle Steuerung ist wesentlich von Licht- und Dunkelphasen abhängig. Hühner besitzen wie alle Vögel nur einen aktiven Eierstock. Von den mehr als eine Million angelegten Eizellen reift nur ein geringer Anteil (etwa zehn Prozent).

Der Eileiter ist im Vergleich zu Säugetieren mit etwa 70 Zentimeter viel länger. Der Eileitertrichter nimmt nach dem Eisprung die Dotterkugel mit der aufliegenden Keimscheibe auf. Hier kann in der ersten halben Stunde die Befruchtung stattfinden, wenn Spermien vorhanden sind. Außerdem bilden sich die spiralig gedrehten Hagelschnüre, die das Dotter später in der Mitte des Eis halten. In den folgenden drei Stunden wandert das Ei durch einen langen Bereich des Eileiters, in dem Drüsenzellen zum Schutz des Embryos mehrere Schichten von Eiklar um den Dotter lagern. Am Ende dieses Abschnitts werden die Häutchen unter der Eischale gebildet, und das Ei gelangt in den Uterus, in dem innerhalb von 20 Stunden die Kalkschale um das Ei gebaut und am Ende mit der Kutikula überzogen wird. Zwischen Eisprung und Eiablage liegen immer etwas mehr als 24 Stunden, und rund 20 Minuten nach der Eiablage kann der nächste Eisprung stattfinden.

Damit in diesem kleinen Zeitfenster Spermien den Eileitertrichter erreichen können, besitzen Hühner Samenspeicherdrüsen am Übergang vom Uterus zur Vagina, in denen sie ein Reservoir an Spermien lagern. Diese sind für zwei bis maximal drei Wochen nach der Begattung noch befruchtungsfähig.

Während der Legepause in der Mauser schrumpfen Eileiter und Eierstock um mehr als 90 Prozent ihres Gewichts. Der Eileiter verkürzt sich von etwa 70 auf 20 bis 30 Zentimeter. In dieser Phase regeneriert sich das Gewebe im Fortpflanzungstrakt.

95 Smart-Hühnerstall
Kleine technische Helfer für den Hühneralltag

Hühner erfordern täglich Aufmerksamkeit, um sicherzustellen, dass es ihnen an nichts fehlt. Sie benötigen Futter und Wasser, und zum Schutz vor Feinden sollte der Stall in der Nacht sicher verschlossen sein. Möchte man auch in den dunklen Wintermonaten regelmäßig Eier vorfinden, muss man den Hühnern mit künstlichem Licht den Tag auf 14 Stunden verlängern. Der Betreuungsaufwand lässt sich durch den Einsatz einiger technischer Helfer vereinfachen beziehungsweise zeitlich unabhängig gestalten.

Das Öffnen und Schließen des Hühnerstalls kann beispielsweise eine automatisch betriebene Stallklappe übernehmen, die entweder mit einer Zeitschaltuhr, einem Dämmerungsschalter oder beidem betrieben wird. So kann man sicherstellen, dass der Stall bei Eintritt der Dunkelheit zuverlässig geschlossen wird, auch wenn man selbst erst später nach Hause kommt. Es kann sehr nützlich sein, wenn die Hühner nicht im ersten Morgengrauen den Stall verlassen, sondern erst zu einer späteren Uhrzeit. Stallklappen gibt es auch mit Batterie- oder in Kombination mit Solarbetrieb, falls kein Stromanschluss am Stall vorhanden ist.

Wenn man in der dunklen Jahreshälfte den Lichttag für die Hühner künstlich verlängert, sollte man dies regelmäßig tun, das Licht also täglich zu selben Zeit einschalten. Bevorzugt am Morgen, damit die Hühner am Abend mit der natürlichen Dämmerung auf die Sitzstangen fliegen. Zur Steuerung bietet sich eine Zeitschaltuhr an. Technisch aufwendiger, aber ebenfalls möglich ist eine Steuerung der Dämmerung, sodass die Beleuchtung auch abends verlängert werden kann. Neben fertigen Systemen für große Hühnerställe gibt es auch in der Aquaristik verschiedene solcher Steuermöglichkeiten.

Möchte man Futter nicht zur freien Verfügung anbieten, weil die Hühner zu Übergewicht neigen, so gibt es spezielle Futterautomaten, die mehrmals täglich eine definierte Menge Futter ausgeben.

Im Internet finden interessierte Bastler einige Anregungen für weitere smarte Lösungen im Eigenbau: Beispielsweise können Messfühler den Füllstand im Futterautomaten überwachen. Moderne Infrarotkameras ermöglichen auch aus der Ferne und nachts einen Blick in den Stall.

96_Federpicken
Picken, bis der Arzt kommt

Federpicken ist eine nicht nur in der intensiven Nutztierhaltung auftretende Verhaltensstörung, die teils schon bei Küken vorkommt. Als Federpicken wird das Picken, Ausreißen und Fressen von Federn der Artgenossen bezeichnet. Oft ist das Picken und Ziehen an der Haut, den Zehen oder an Wunden eine Vorstufe von Kannibalismus. In beiden Fällen handelt es sich nicht um aggressives Verhalten, sondern um eine (emotionale) Störung bei den ausführenden Hennen. Für die gepickten Tiere kann dies tödlich enden.

Die Ursache für Federpicken und Kannibalismus ist ein umorientiertes Nahrungserwerbsverhalten, das durch reizarme Umwelt und strukturarmes Futter sowie weitere Einflussfaktoren ausgelöst wird. Zum Verständnis muss man sich bewusst machen, dass bestimmte Verhaltensabläufe im Verlauf der Evolution genetisch festgelegt wurden. Wie die einzelnen Organe des Körpers erfüllen die Verhaltensmuster den Zweck, das Überleben zu sichern.

Das Nahrungsaufnahmeverhalten der Hühner entspricht auch nach vielen tausend Jahren der Domestikation noch der für das Überleben im Dschungel erforderlichen Sequenz: scharren, um Nahrung freizulegen, zurücktreten, Kopf vorstrecken, fixieren, Schnabelscharren, Pickschlag (Zerren, Zerkleinern großer Futterobjekte) und abschlucken. Das alles verbunden mit Fortbewegung und über eine lange Zeitdauer des Tages. In natürlicher Umgebung führen Hühner bis zu 15.000 Pickschläge pro Tag aus. Für die Aufnahme von Futter aus Futterautomaten ist längst nicht so viel Arbeit und auch nicht die gesamte Verhaltenssequenz erforderlich. Da es aber genetisch angelegt ist, richten die Tiere die Elemente des Nahrungserwerbsverhaltens, insbesondere in reizarmer Umwelt, zusätzlich auf Ersatzobjekte wie die Federn anderer Hühner. Mehlförmiges Futter statt Pellets, lockere Einstreu, Körnergaben in die Einstreu und Auslauf können das Problem mindern. Jede Form von Stress (Enge im Stall, Witterung oder Krankheit) verschlimmert es.

Ein Huhn pickt ein Körnchen nach dem anderen und lebt mit einem vollen Magen.
(Russisches Sprichwort)

97 Verschiedene Futterarten

Fachjargon im Landhandel

Rund ums Hühnerfutter gibt es einen Fachjargon, den man kennen sollte, um das richtige Futter auszuwählen. Einzelfuttermittel sind beispielsweise Weizen, Sonnenblumenkerne oder Bierhefe. Mischfutter bestehen aus mehreren Einzelfuttermitteln. Für Hobbyhalter sind Mischfutter eine gute Wahl, denn eine Zusammenstellung vieler Einzelfuttermittel, die alle Nährstoffanforderungen der Hennen erfüllen, ist sehr aufwendig. Die Deklaration auf dem Futtersack gibt Auskunft über die Zusammensetzung und besondere Eigenschaften. Mischfutter gibt es in zwei grundlegend unterschiedlichen Ausführungen: Alleinfutter sind so zusammengesetzt, dass sie den täglichen Bedarf ausreichend abdecken. Sie können dauerhaft gefüttert werden, ohne dass gesundheitliche Schäden wie Mangelerscheinungen oder Vergiftungen entstehen. Wegen des unterschiedlichen Bedarfs wird die Tierart mit angegeben: Kükenaufzucht, Junghennen, Masthühner oder Legehennen. Ergänzungsfuttermittel haben dagegen einen hohen Gehalt an bestimmten Stoffen und können aufgrund ihrer Zusammensetzung nur zusammen mit anderen Futtermitteln den täglichen Bedarf decken. Typische Ergänzungsfutter sind Mineralien, reine Körnermischungen oder auch eiweißreiche Ergänzungsfutter, die durch Körnermischungen in einem bestimmten Verhältnis ergänzt werden müssen.

Futter wird entweder pelletiert oder in Mehlform angeboten. Pellets verhindern das Aussortieren von Komponenten, werden aber schneller gefressen, was ein Risikofaktor für Federpicken ist. Mehlförmiges Futter muss eine relativ gleichmäßige Struktur haben und sollte weder zu viele sehr grobe noch zu viele sehr feine Anteile enthalten. Hühner können nur eine begrenzte Futtermenge am Tag aufnehmen (Legehennen ungefähr 130 Gramm). Bietet man zu viele Leckereien, beispielsweise aus der Küche, »verdünnt« man damit das Nährstoffangebot aus dem Futter. Dauerhaft kann das zu Mangelsituationen führen.

Die Kennzeichnung von Futtermitteln ist in der EU durch die Verordnung VO (EG) Nr. 767/2009, Futtermittelverkehrsverordnung (FMVV), geregelt.

98 Vorsicht, giftig
Was Hühner nicht (zu viel) fressen sollten

Die Frage nach dem richtigen Futter ist sehr wichtig für die Gesundheit der Tiere, damit sie mit allem versorgt sind, was ihr Körper benötigt. Genauso wichtig ist es aber auch, Giftiges und Schädliches zu vermeiden. Verschiedene Pflanzen aus dem Garten wie Rittersporn und Fingerhut sowie die Samen von Maiglöckchen, Goldregen und Ginster sind nicht nur für Menschen, sondern auch für Hühner giftig. In der Regel meiden Hühner solche Pflanzen. Allerdings sollte man bei der Begrünung des Hühnerauslaufs besser darauf verzichten, denn bei Langeweile oder wenn nichts anderes da ist, besteht ein gewisses Risiko.

Auch verschiedene Gemüse und damit Reste aus der Küche können für Hühner giftig sein: Avocados sind, außer für Menschen, wegen des enthaltenen Persins für sehr viele Tiere giftig und dürfen nicht verfüttert werden. Für Hühner sind Nachtschattengewächse wie Kartoffeln (Kartoffelschalen), Tomaten und Auberginen im rohen Zustand wegen des enthaltenen Solanins giftig. Gekocht und in kleinen Mengen sind sie kein Problem. Ungekochte Bohnen, besonders rote Kidneybohnen, enthalten giftiges Phytohämagglutinin. Auch Menschen zeigen Vergiftungserscheinungen, wenn die Bohnen roh sind oder nur unzureichend erhitzt wurden. Ebenfalls giftig für Hühner und viele andere Tiere ist das in Schokolade enthaltene Theobromin, das zu Herzproblemen führt.

Manche Futtermittel können aus physikalischen Gründen Probleme machen: Reis oder Linsen sollten in trockener Form nicht verfüttert werden, weil sie später im Kropf und Magen aufquellen. Sehr langfaseriges Futter wie Spargelschalen oder auch älteres, sehr langes Gras kann zu Kropfverstopfungen führen.

Gekochte Nudeln, Reis oder Kartoffeln werden von den Hühnern sehr gern gefressen, sollten aber nur in kleinen Mengen gefüttert werden. Sie enthalten viele Kohlenhydrate, die Hühner schlecht verdauen können, und zu wenig andere Nährstoffe.

Die Fütterung des Geflügels ist dann gut, wenn sie mindestens alle Nährstoffansprüche der Tiere deckt und so gesundheitsgefährdende Mangelsituationen vermeidet. Darüber hinaus kann es natürlich weitere Aspekte für die Qualität der Fütterung geben, wie beispielsweise den Einsatz von gentechnikfreiem Futter oder den Verzicht auf künstliche Farbstoffe.

99_ Nicht für Hühner
Lebensmittel liefernde Tiere

Im Gegensatz zu anderen Haustieren wie Hunde oder Katzen sind Hühner »Lebensmittel liefernde Tiere«, also Tiere, die Produkte für die menschliche Ernährung liefern. Diese Einstufung ist unabhängig davon, ob der Besitzer die Eier oder das Huhn tatsächlich essen möchte, und sie hat einige Auswirkungen darauf, welche Medikamente, Futtermittel und Zusatzpräparate an Hühner gegeben werden dürfen. In jedem Fall muss nämlich sichergestellt sein, dass die Lebensmittel (Fleisch und Eier) für den Menschen unbedenklich zu verzehren sind.

Was die verschreibungspflichtigen Medikamente angeht, so weiß der Tierarzt Bescheid und klärt über Wartezeiten auf. Die Anwendung von Medikamenten muss übrigens durch den Hühnerhalter dokumentiert werden. Auch die Anwendung frei verkäuflicher Arzneimittel setzt voraus, dass nur Stoffe enthalten sind, die bei Lebensmittel liefernden Tieren zulässig sind. Eine Behandlung mit nicht für Hühner vorgesehenen Arzneimitteln ist nicht nur verboten, sondern kann den Hühnern auch ernsthaft schaden.

Wenn es um Futtermittel, Vitaminzusätze oder Milbenbekämpfung geht, dann muss auch der Tierhalter beachten, dass nur zugelassene Produkte verwendet werden. Beispielsweise dürfen für Hunde und Katzen verfügbare Mittel gegen Läuse und Milben, die als flüssige Lösung in den Nacken getropft werden, keinesfalls bei Hühnern angewendet werden. Der Wirkstoff reichert sich im Fettgewebe und den Eiern an, die dann nicht mehr für den menschlichen Verzehr geeignet sind. Um Hühner vor übertragbaren Krankheiten zu schützen, gibt es ein Verfütterungsverbot von tierischen Proteinen (Tiermehl, Katzenfutter). Für die Herstellung von Hühnerfutter ist derzeit einzig Fischmehl als tierisches Eiweiß zugelassen. Im Landhandel stehen verschiedene Präparate für (Brief-)Tauben oft neben denen für Hühner. Aber auch hier gilt: Sie können Stoffe enthalten, die für Hühner nicht zugelassen sind.

Der Ursprung der Welsumer Hühner liegt in holländischen Landhuhnrassen der Region Welsum an der Ijssel, die mit dem Aufkommen der Rassegeflügelzucht mit verschiedenen asiatischen und Mittelmeerrassen gekreuzt wurden. Welsumer sind bekannt für ihre großen braunen Eier (bis 80 Gramm), von denen sie etwa 160 im Jahr legen. Die gelbe Beinfarbe verblasst mit der Zahl der gelegten Eier.

100 Eier verkaufen
Was ist erlaubt?

Besonders im Frühjahr, wenn alle Hühner fleißig legen, übersteigt die Zahl der Eier oft den Eigenbedarf. Und selbst wenn man einen gewissen Überschuss zu haltbaren Leckereien wie Eierlikör verarbeiten kann, kommt schnell die Frage auf, ob es erlaubt ist, Eier zu verkaufen. Eier sind Urprodukte und dürfen als solche vom Erzeuger direkt an den Endverbraucher verkauft werden. Bei verarbeiteten Produkten (wie beispielsweise dem Eierlikör) ist das nicht so, weil für die Verarbeitung bestimmte Hygienevorschriften und Qualifikationen einzuhalten sind.

Solange man weniger als 350 Hühner hält und die Eier direkt an Endverbraucher abgibt, muss man den Eierverkauf nicht genehmigen lassen. Die Eier dürfen dann nur lose und unsortiert, also ohne Angabe von Güte- und Gewichtsklasse, angeboten werden.

Eier für den Verkauf müssen unmittelbar nach dem Legen bis zum Verkauf sauber, trocken und frei von Fremdgeruch gelagert sowie vor Stößen und Sonneneinstrahlung geschützt werden. Eier dürfen nicht gewaschen und auch nicht gekühlt werden. Das Mindesthaltbarkeitsdatum (maximal 28 Tage nach dem Legedatum) muss angegeben werden. Für die Verbraucher sollte zusätzlich der Hinweis angebracht werden, dass die Eier nach dem Kauf bei Kühlschranktemperatur aufbewahrt werden sollten. Will man auf einem Markt, an Restaurants oder einen Laden verkaufen, muss man die Legehennenhaltung registrieren und sich eine Kennnummer zuteilen lassen, die dann auf die Eier gestempelt werden muss.

Umsätze und Gewinne aus dem Eierverkauf sind ab einer gewissen Schwelle umsatz- und einkommensteuerpflichtig. Im Zusammenhang mit Privatverkäufen auf Internetplattformen wurde darauf hingewiesen, dass die Einschätzung des Finanzamts dafür maßgeblich ist, ob der Verkauf gewerblich ist, beispielsweise, weil er regelmäßig erfolgt. In diesem Fall könnten aber auch die Kosten der Hühnerhaltung (gewinnmindernd) angerechnet werden.

Aus der englischen Grafschaft Sussex stammt die bereits im 19. Jahrhundert als Wirt-
schaftshuhn mit guter Fleisch- und Legeleistung gezüchtete Rasse. Die Hennen legen
etwa 180 recht große braune Eier. Die meisten Sussex-Hühner sind weiß mit schwarzen
Federn am Hals und Schwanz (weiß-schwarz Columbia), es gibt aber auch weitere Farb-
schattierungen einschließlich der bunten (porzellanfarbig).

101 Kleine Stallapotheke

Im Zweifel immer zum Tierarzt!

Um kranke und verletzte Hühner schnell versorgen zu können, ist eine Erste-Hilfe-Box nützlich. Dahinein gehört die Telefonnummer des nächstgelegenen geflügelkundigen Tierarztes, denn aus Tierschutzgründen gehören alle Fälle mit deutlichen Krankheitsanzeichen wie Abgeschlagenheit, Fressunlust oder sichtbaren Schmerzen in Expertenhände. Für die Erste Hilfe und einige Wehwehchen kann man sich aber wappnen.

So sollten Einmalhandschuhe, Schere und Pinzette griffbereit liegen. Ein oder zwei alte Handtücher sind praktisch, um Hühner darin einzuwickeln und Flügel und Füße zu fixieren. Dann kann man sie besser behandeln. Für kleinere Verletzungen sollte ein Wundspray zur Reinigung und Desinfektion im Erste-Hilfe-Kit sein. Ein Silberspray kann gut sein, um Wunden abzudecken, die sonst andere Hühner zum Picken einladen würden. Vaseline ist brauchbar, um bei starkem Frost Kämme und Kehllappen einzucremen, um Erfrierungen vorzubeugen. Falls es erforderlich ist, einen Verband anzulegen (beispielsweise bei einem leichten Ballenabszess), sind schmale selbsthaftende Binden und einige Wundkompressen sehr nützlich. Um bei Ballenabszessen die Haut aufzuweichen, haben sich Fußbäder in Bittersalzlösung bewährt, sodass auch ein Päckchen Bittersalz da sein sollte. Es kann auch als warme Badelösung bei Legenot gut sein, wenn eine Henne Schwierigkeiten hat, ein großes Ei zu legen.

Ballistol eignet sich zur Behandlung von Kalkbeinen und gegen Federlinge. Kalkbeine werden durch Milben verursacht, die sich in die Haut der Beine eingraben. Die Schuppen richten sich auf, und weiße Ablagerungen bilden sich. Die Beine werden eingesprüht, und das Öl erstickt die Milben. Dies muss nach circa einer Woche wiederholt werden, weil dann junge Milben geschlüpft sind. Gegen Federlinge wird es am Nacken und im Bereich der Kloake aufgebracht, und auch hier empfiehlt sich eine Wiederholung.

Klare Augen sowie ein gut durchbluteter Kamm und Kehllappen sind Ausdruck von Vitalität. Blasse Kämme, trübe Augen und Ausfluss sind Hinweise auf Erkrankungen.

102 Vampire im Hühnerstall

Ein Kruzifix hilft nicht

Eine der größten Plagen der Geflügelhaltung ist die rote Vogelmilbe *(Dermanyssus gallinae)*. Milben sind durch Wildvögel überall in der Umwelt und früher oder später auch in jedem Hühnerstall. Die 0,5 bis einen Millimeter großen Milben sind erst nach ihrer ersten Blutmahlzeit am Huhn rot. Sie sind auf Vögel spezialisiert, können »irrtümlich« aber auch beim Menschen landen und Kribbeln und Jucken verursachen. Die Milben wandern nachts zu den Hühnern und saugen Blut. Das kann zu Schwäche, blassen Kämmen, Krankheitsanfälligkeit und sogar zum Tod führen.

Milben verstecken sich tagsüber in kleinsten Ritzen. Rückzugsorte sind Wandisolierungen, PVC-Beläge oder die Auflagefläche von Sitzstangen. Zur Kontrolle kann man sogenannte Milbenfallen basteln: Ein kleiner Streifen Wellpappe wird dazu aufgerollt und beispielsweise mit Kabelbindern unter der Sitzstange befestigt. Tagsüber würde man hier Milben finden.

Ein gutes Mittel zur Vorbeugung ist Kieselgur. Es besteht aus pulverisierten fossilen Schalen abgestorbener Kieselalgen und wirkt rein physikalisch. Es zerstört den Wachspanzer und die ungeschützten Gelenke der Milben und trocknet sie aus. Es gibt keine Resistenzen, allerdings sollte der Staub nicht eingeatmet werden (auch nicht von den Hühnern). Günstig sind Präparate, die sich im Wasser lösen und mit einer Sprühflasche im Stall ausgebracht werden, wo sie nach dem Trocknen einen dünnen weißlichen Belag hinterlassen.

Eine andere Möglichkeit ist das Einstreichen mit Speiseöl (*kein* Altöl oder Diesel wegen der Umweltwirkung und möglicher Rückstände in Eiern) – allerdings muss man die Milbennester dazu erreichen können. Chemische Bekämpfungsmittel müssen für Hühner zugelassen sein, um Rückstände im Ei zu vermeiden. Produkte für Hunde und Katzen dürfen darum nicht angewendet werden! Ein chemisches Mittel gibt es beim Tierarzt. Es muss unbedingt genau nach Anweisung dosiert werden, damit sich keine Resistenzen entwickeln.

Wer ein Ei isst, verzichtet auf eine zukünftige Mahlzeit mit Hühnersuppe. (Afrikanisches Sprichwort)

103 Innere Parasiten
Vorbeugen und gelegentlich behandeln

Sobald Hühner Zugang zu einem Auslauf haben, infizieren sie sich mit verschiedenen Arten von Würmern, deren Eier und Wurmlarven überall in der Umwelt vorkommen. Unbeachtet und unbehandelt können sie sich massenhaft vermehren und den Hühnern erhebliche gesundheitliche Probleme bereiten.

Würmer werden durch Geflügelkot verbreitet. Wurmeier bleiben in der Umwelt trotz Sommerhitze und Trockenheit oder Frost im Winter jahrelang infektiös und werden von den Hühnern bei der Futtersuche direkt aufgenommen. Ein indirekter Weg führt über Regenwürmer und Schnecken, die Zwischenwirte sind und gern von Hühnern gefressen werden. Im Huhn entwickeln sich die erwachsenen Würmer, die je nach Spezies in verschiedenen Abschnitten des Darms leben, aber auch andere Organe befallen können. Sie schädigen das Huhn, weil sie Energie aus der Nahrung verbrauchen, Schleimhäute beschädigen und bei massenhaftem Auftreten zum Darmverschluss führen können. Außerdem werden durch Würmer Bakterien wie der Auslöser der Schwarzkopfkrankheit übertragen.

Vorbeugend lässt sich der Infektionsdruck verringern, indem man den Stall regelmäßig säubert und den Auslauf möglichst trocken hält. Anzeichen für Wurmbefall sind blasse Kämme, Gewichtsverlust, Durchfall oder sehr blasses Eigelb. Auch andauernde Erkältungssymptome können durch Würmer (in der Luftröhre) verursacht werden. Anhand von Kotproben kann der Tierarzt einen Wurmbefall feststellen und Medikamente zur Entwurmung verschreiben, die meist über das Trinkwasser gegeben werden müssen. Dabei muss man sich bei Dosierung, Dauer und Wiederholung genau an die Anweisung halten, um Resistenzen zu vermeiden. Für sogenannte natürliche Entwurmungsmittel wie Kräuter, Karotten oder Obstessig konnte eine Wirksamkeit bisher nicht nachgewiesen werden. Sie können das Huhn möglicherweise vorbeugend in der Abwehr unterstützen, einen Befall aber nicht bekämpfen.

Ekelfaktor: Bei starkem Wurmbefall können in Einzelfällen Würmer in den Eileiter gelangen, werden dort von Eiweiß umschlossen und in ein Ei verpackt. So ein Fund im Frühstücksei ist ziemlich eklig, aber nach Einschätzung des Niedersächsischen Landesamts für Verbraucherschutz und Lebensmittelsicherheit nicht gesundheitsgefährdend.

104 Vorbeugen ist möglich

Eine Impfung ist verpflichtend in Deutschland

Es gibt viele Erkrankungen, vor denen man Hühner durch eine Impfung schützen kann. Verpflichtend ist in Deutschland die Impfung gegen die Newcastle-Krankheit (Newcastle Disease / ND). Es handelt sich um eine anzeigepflichtige Tierseuche, die bei Hühnervögeln schwere Verluste verursacht. Die Impfung kann als Lebendimpfstoff über das Trinkwasser oder als Totimpfstoff mit der Nadel verabreicht werden. Impfungen muss der Tierarzt vornehmen. Häufig organisieren Geflügelzuchtvereine Sammeltermine.

Weitere Impfungen müssen schon bei den Küken vorgenommen werden. So gibt es eine Schluckimpfung gegen Kokzidien, die, in der ersten Lebenswoche verabreicht, das Geflügel lebenslang vor diesen Parasiten schützen kann.

Eine Viruserkrankung, die besonders Junggeflügel betrifft und unheilbar ist, ist die Marek'sche Lähme, gegen die Eintagsküken geimpft werden können. Weitere Impfstoffe schützen vor Erkrankungen der Atmungsorgane oder der Infektion mit Salmonellen oder Mykoplasmen. Welche Impfungen sinnvoll sind, muss ein Tierarzt beurteilen. Es hängt beispielsweise davon ab, wie viel direkten oder indirekten Kontakt es zu anderem Geflügel gibt – wenn beispielsweise Jungtiere zugekauft oder Ausstellungen besucht werden oder es in der Nachbarschaft große Geflügelhaltungen gibt.

Bei Impfungen über das Trinkwasser sollte man immer die Tränke vorher gründlich reinigen, allerdings ohne Rückstände von Reinigungs- oder Desinfektionsmitteln zu hinterlassen. Impfstoffe müssen innerhalb von zwei Stunden durch die Tiere aufgenommen werden, weil sie sonst nicht mehr wirksam sind. Darum entfernt man, je nach Witterung, einige Stunden vor einer geplanten Impfung das Wasser aus dem Stall, damit die Hühner Durst haben und alle zur Tränke kommen. Dann gibt man so viel Wasser mit Impfstoff in die Tränke, dass alle Tiere die erforderliche Dosis innerhalb von zwei Stunden aufnehmen können.

Das Deutsche Lachshuhn hat seine Wurzeln in Frankreich in der Nähe der Ortschaft Faverolles und ist die hiesige Zuchtrichtung der so benannten Rasse. Es wurde in Frankreich als Masthuhn gezüchtet, in Deutschland wurden Form und Farbe weiterentwickelt. Die fünfzehigen Hühner (ein Erbe der Dorking) sind robuste Lege- und Fleischhühner, die im Jahr etwa 160 hellbraune Eier legen.

105__Vogelgrippe
Wenn Hühnerhaltung keine Privatsache mehr ist

Die Vogelgrippe oder auch Geflügelpest ist für Hühner meist tödlich und wird durch Influenzaviren ausgelöst. Diese Viren verändern sich sehr schnell, und je mehr infizierte Tiere da sind, desto größer ist die Wahrscheinlichkeit von Mutationen. Man vermutet, dass die aktuell gefährlichen Stämme in großen asiatischen Tierbeständen entstanden sind, die oft auch Kontakt zu Wildgeflügel haben (beispielsweise Mastenten auf großen Teichanlagen). Die Vogelgrippeviren kommen inzwischen weltweit bei Wildvögeln vor und führen zu vielen Todesfällen. Besonders Wasservögel können das Virus weitergeben, ohne selbst krank zu werden. Immer wieder findet die Vogelgrippe leider auch den Weg in Bestände mit Haus- und Wirtschaftsgeflügel. Innerhalb von wenigen Tagen können dann sämtliche Tiere sterben.

Die Übertragung der Vogelgrippeviren auf den Menschen ist bisher nicht sehr effektiv, das heißt, sie sind für uns weniger infektiös. Allerdings gab es in letzter Zeit einige Fälle, in denen sich Säugetiere – auch Hauskatzen – mit der Vogelgrippe angesteckt haben. Die Weltgesundheitsorganisation (WHO) ist daher besorgt, dass das Virus so mutieren könnte, dass es auch für Menschen gefährlich wird. Darum und weil die Viren sehr leicht übertragen werden können (beispielsweise durch Wind oder an Kleidung und Schuhen), zählt die Vogelgrippe zu den gefährlichsten Tierseuchen.

Der Umgang damit ist durch die Geflügelpest-Verordnung geregelt. Die Bekämpfungsmaßnahmen sind radikal: Wird die Vogelgrippe durch Schnelltests und Laboranalysen amtlich festgestellt, müssen alle Tiere des Bestandes getötet werden. Es werden Schutz- und Überwachungszonen eingerichtet, in denen Geflügel im Stall gehalten werden muss (Stallpflicht) und weitere strenge Regeln gelten, um die Verbreitung zu verhindern. Diese Regeln gelten auch für Hobbygeflügel. Das Veterinäramt erklärt auf seiner Internetseite die Anordnung von Schutzzonen und Stallpflicht. Als Geflügelhalter ist man verpflichtet, sich hier zu informieren.

Über die aktuelle Situation zur Vogelgrippe erfährt man durch das TierSeuchen-InformationsSystem (TSIS) des Friedrich-Loeffler-Instituts (www.tsis.fli.de) oder die Facebookgruppe »Aviäre Influenza / Vogelgrippe – Wissen, Rechte, Unterstützung«.

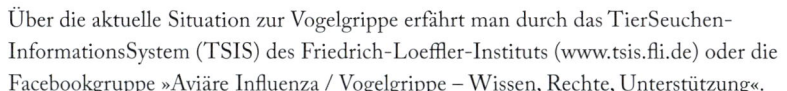

106__ Biosicherheit

Einziger Schutz vor der Vogelgrippe

Eine Schutzimpfung vor der Vogelgrippe ist für Kleinbestände aus verschiedenen Gründen vorerst nicht in Aussicht. Es besteht das Risiko, dass sich bei geimpften Tieren dann eine unerkannte Variante des Virus verbreitet, die schließlich auch für Menschen gefährlich werden könnte. Darum werden Impfungen voraussichtlich auch weiterhin nur mit strengen Auflagen wie der regelmäßigen Kontrolltestung der Tiere möglicherweise als Notfallimpfung in Regionen mit besonders vielen Geflügelhaltungen möglich sein.

Aber gerade in der Hobbyhaltung kann man durch Biosicherheitsmaßnahmen einen guten Schutz erreichen, weil es normalerweise weniger Kontakte nach außen gibt als beim Wirtschaftsgeflügel (Futterlieferung, Einstreu, Tierarzt, Tierkörperbeseitigung). Ziel ist es, den Kontakt der Hühner mit bestimmten Wildvögeln beziehungsweise deren Ausscheidungen zu verhindern und selbst keine Viren in den Stall zu tragen. Mit Wildvögeln sind Hühner-, Gänse-, Greifvögel, Eulen, Regenpfeiferartige, Lappentaucherartige und Schreitvögel gemeint (GeflPestSchV § 1 Abs. 2 Nr. 7.). Die bei uns gängigen Singvögel gelten nicht als Überträger der Vogelgrippe! Also keine Panik, wenn mal ein Spatz im Stall ist, aber füttern sollte man sie woanders.

Zu den wichtigsten Biosicherheitsmaßnahmen gehört es, Futter und Wasser ausschließlich im Stall anzubieten und den Zugang zu offenen Gewässern zu verhindern. Eine Voliere kann in Zeiten der Stallpflicht zusätzlichen Auslauf ermöglichen. Bevor man den Stall oder eine Voliere betritt, sollte man in Risikozeiten (Vogelzug, Vogelgrippefälle in der Region) Schuhe und Kleidung benutzen, die man nur im Stall trägt. Die Schuhe kann man in einer Kiste direkt am Stall deponieren. So verhindert man, dass Viren aus der Landschaft über die Schuhe in den Stall gelangen. Außerdem sollte man in diesen Zeiten keine neuen Tiere zukaufen und keine Besucher in den Stall lassen.

Die Bewohner der altgriechischen Stadt Ambrakia setzten zur Verteidigung ihrer Stadt gegen die belagernden Römer, die einen Tunnel unter der Stadtbefestigung gegraben hatten, den beißenden Rauch brennender Hühnerfedern ein – der erste dokumentierte Einsatz von Giftgas!

107_Lebenserwartung

Viel hängt von den Lebensumständen ab

Wie alt Hühner werden, hängt sehr von den Umständen ab, unter denen die Hühner leben. Erwartungsgemäß ist die Lebensdauer dort am geringsten, wo wirtschaftliche Aspekte im Vordergrund stehen. Schnell wachsende Mastbroiler (Hähne und Hennen) werden oft schon im Alter von 28 bis 42 Tagen mit einem Gewicht von 1,6 bis 2,5 Kilogramm geschlachtet. Legehennen werden normalerweise im Alter von circa 20 Monaten nach der ersten Legeperiode von zwölf bis 14 Monaten geschlachtet, wenn die Legeleistung nachlässt.

In der Hobby-Geflügelhaltung erreichen Hühner meist ein Alter von drei bis fünf Jahren, oft werden sie aber auch deutlich älter, wenn die Zahl der gelegten Eier nicht im Vordergrund steht. In der Rassegeflügelzucht besagt die Ausstellungsordnung, dass Hühner, die älter als sechs Jahre sind, nicht mehr ausgestellt werden können. Wertvolle oder wertgeschätzte Zuchthennen werden aber durchaus älter und können auch noch eine geringere Zahl an Eiern legen.

Das erste im Guinnessbuch der Rekorde verzeichnete »Älteste Huhn der Welt« ist Matilda, die das stolze Alter von 16 Jahren erreichte. Matilda war ein Zwerghuhn, das aus irgendeinem Grund nie in ihrem Leben ein Ei gelegt hat. Sie starb 2006. 2010 ist der Hahn Bob Ross gestorben, der nach Angaben seines Besitzers 20 Jahre alt wurde. Dies wurde allerdings nicht geprüft beziehungsweise bestätigt.

Im Dezember 2022 beantragte die Besitzerin von Peanut, einer 20-jährigen Henne, die Aufnahme ins Guinnessbuch als »älteste Henne«. Peanut lebt noch (Stand Februar 2023) und hat also noch alle Chancen, Muffy zu überdauern, die 2011 mit 22 Jahren als älteste lebende Henne in den Guinness-Weltrekorden geführt wurde.

Diese sehr alten Hühner sind allerdings Ausnahmeerscheinungen. Unter guten Bedingungen, sicher vor Feinden, gut ernährt und gesund, wird für Hühner eine durchschnittliche Lebenserwartung von zehn Jahren angenommen.

Why does the chicken cross the road? Die Scherzfrage wurde 1847 erstmals im Magazin »The Knickerbocker« veröffentlicht. Die Antwort lautet: »Weil es auf die andere Seite will.« Mit dieser ernüchternd einfachen Lösung gehört das Rätsel in die Kategorie der Anti-Witze. Um den nicht ungefährlichen Ausflug frei laufender Hühner etwas sicherer zu gestalten, gibt es »Warnwesten« für Hühner.

108 Hühner in der Kunst
Spiegel der kulturellen Wahrnehmung

Entsprechend ihrer Bedeutung für die Menschen haben Hühner bereits früh einen Platz in künstlerischen Darstellungen gefunden. Erste Abbildungen und Plastiken sind aus China bekannt. Hühner und Hähne finden sich auf griechischen Vasen, altägyptischen Papyri und römischen Mosaiken. Entsprechend ihrer Rolle in der jeweiligen Gesellschaft wurden sie als Opfertiere dargestellt oder standen symbolisch für Fruchtbarkeit, Glück, Kampfeslust, Wachsamkeit und Vorsicht. In der niederländischen Kunst des 17. Jahrhunderts waren Hühner oft ein Symbol für Fülle und Wohlstand und wurden zusammen mit Küchengeräten und anderen Nahrungsmitteln dargestellt. Andererseits waren Hühner in dieser Zeit exotisches Geflügel, welches von Adligen zusammen mit anderen exotischen Tieren gehalten und für repräsentative Zwecke gemalt wurde. So schuf der niederländische Tiermaler Melchior de Hondecoeter (1636–1695) Bilder mit Hühnern, die er in den Menagerien der Adligen seiner Zeit beobachtete. Auffällig sind Hühner mit Hauben (Federbüscheln auf dem Kopf), besonderen Kammformen und Gefiederausprägungen.

In der moderneren Kunst dienten Hühner einer idyllischen Darstellung des Landlebens, wie bei Gustav Klimts Gemälden »Gartenweg mit Hühnern« (1916) oder »Nach dem Regen« (1898). Pablo Picasso setzte das Motiv des Hahns in verschiedenen Bildern unterschiedlicher Stile ein. Bekannt ist das kubistische Werk »Le Coq« (1938). Der Hahn wird hier aufgrund einer Äußerung Picassos als symbolischer Bezug auf Amerika gedeutet, das gerade in den Zweiten Weltkrieg eingetreten war.

Der amerikanische Maler Douglas Argue beeindruckt in dem circa 3,6 mal 5,5 Meter großen Gemälde »ohne Titel« (1994) mit der Darstellung weißer Hühner in hohen Käfigreihen in einer Legebatterie. Ergänzend schuf er großformatige Porträts einzelner Hühner, mit denen er die Tiere aus der Anonymität der Masse holt.

Im Wetterhahn auf der Kathedrale Notre-Dame in Paris wurden seit 1935 eine Reliquie des
heiligen Denis und der heiligen Genoveva (beides Stadtpatrone von Paris) und ein Splitter
der Heiligen Dornenkrone aufbewahrt. Nach dem Brand von Notre-Dame wurde der
Hahn, der auf der Spitze des 90 Meter hohen Vierungsturms thronte, kubistisch verformt,
aber mehr oder weniger intakt aus den Trümmern geborgen.

109 Hühner in der Literatur
Beliebte Protagonisten in Fabeln und Allegorien

Zu Deutschlands berühmtesten Hühnern zählt der Hahn im Märchen von den Bremer Stadtmusikanten, welches 1819 von den Gebrüdern Grimm aufgeschrieben wurde. Die vier ungleichen Tiere der Geschichte, Esel, Hund, Katze und Hahn, erwartet alle dasselbe Schicksal: Sie sollen sterben. Gemeinsam, als Pyramide aus den vier Tieren, schlagen sie »das Böse« in Form einer Räuberbande in die Flucht und sehen in deren Haus einem ruhigen Lebensabend entgegen. Gemeinsamkeit und Diversität sind Trumpf!

Weitere bekannte Hühner sind »Die Wilden Hühner«, eine fünfköpfige Mädchenclique in der gleichnamigen Kinderbuchreihe von Cornelia Funke. Der Treffpunkt der Mädchen ist ein Hühnerstall, und die Hühner sind geliebte Maskottchen der Bande.

In den Geschichten um Pettersson und Findus von Sven Nordqvist tauchen Petterssons weiße Hühner als Randfiguren auf. Kater Findus ist meist genervt von den Hühnerdamen, die von der Henne Prillan angeführt werden, und erst recht vom Hahn Caruso, der im zweiten Band seinen Auftritt hat.

In der »Farm der Tiere« von George Orwell sind es die Hennen, die aufbegehren, als ihre Eier, die sie ausbrüten wollten, verkauft werden sollen. Einige Junghennen zerbrechen ihre Eier. Fünf Tage dauert ihre Rebellion, während der Hühnerstall nicht mehr mit Futter versorgt wird und neun Hennen sterben. Der Aufstand der Hühner ist eine Analogie zur Hungersnot, die unter Stalin im Gebiet der Ukraine viele Millionen Hungertote forderte (Holodomor). Dort wehrten sich Bauern gegen die Zwangskollektivierung, und einige verbrannten ihre Felder. Nach Missernten erhöhten die Bolschewiken die Zwangsabgaben an Getreide und plünderten Vorräte in den Dörfern. In moderneren Fabeln prangern Hühner ihre Ausnutzung im Wirtschaftssystem an, wie beispielsweise in »Das Huhn, das vom Fliegen träumte« von Sun-Mi Hwang und in der Kurzgeschichte »Du lieber Gockel« von Barbara Frischmuth.

Amrock-Hühner sind die in Europa weitergezüchtete Form der Plymouth Rocks, die in den 1940er Jahren zu den bedeutenden Wirtschaftsrassen in den USA zählten. Nach dem Ende des Kriegs kamen Plymouth-Rock-Hühner nach Deutschland, um hier die Versorgung mit Eiern und Fleisch zu verbessern. Auch wenn sie heute oft nach dem Aussehen bewertet werden, legen sie 220 Eier im Jahr und sind gutes Mastgeflügel.

110 Kokolorix und Rosaline

Was wäre der Hahn ohne seine Henne?

Im Dorf der unbeugsamen Gallier lebt neben Asterix und Obelix selbstverständlich auch ein Hahn. Er hat in mehreren Heften der Reihe einen mehr oder weniger geglückten Auftritt und erhält in Heft 32 (»Asterix plaudert aus der Schule«) eine eigene Geschichte und einen Namen: Kokolorix. In der Kurzgeschichte werden die Hühner des Dorfes durch einen Adler (Gallinarius Minus) bedroht. Kokolorix rettet in letzter Sekunde ein Küken vor dem Adler und droht ihm. Der Adler lacht Kokolorix aus, der ja nicht einmal fliegen kann. Man tauscht Prahlereien (Emblem des römischen Reiches versus Repräsentant Galliens) und Beleidigungen aus, worauf der Adler Kokolorix eine Ohrfeige verpasst und der Hahn nur durch Einschreiten von Gutemine gerettet wird. Im Abflug fordert der Adler Kokolorix zum Duell am nächsten Tag. Die Henne Rosaline versucht, Kokolorix den Kampf auszureden, aber sein Stolz lässt das nicht zu, schließlich geht es um die Ehre der Hühnerställe Galliens.

Rosaline hat die rettende Idee und weiht Idefix ein, der am Morgen eine von Asterix zurückgelassene Flasche Zaubertrank zu Kokolorix bringt. Die Wirkung ist bekannt: Kokolorix attackiert den Adler in der Luft, der nackt wie ein gerupftes Hühnchen abstürzt und unter dem Spott der Tiere des Waldes zu Fuß nach Hause gehen muss. Kokolorix ist der Star des Misthaufens.

Die Herkunft des Wortes Kokolores, das etwas unsinniges oder törichtes Geschwätz bezeichnet, ist unklar. Einige sehen die Wortherkunft im Zusammenhang mit dem im Englischen bekannten Wort *cockalorum*, einem pseudolateinischen Begriff, der einen Angeber beschreibt und Lautäußerungen eines Hahns nachahmt.

Im französischen Original (und im Englischen) heißt Kokolorix Chanteclairix. Der Name ist inspiriert von Chantecler, dem Hahn in der von Edmond Rostand 1910 geschriebenen Fabel, der davon überzeugt ist, er habe die Macht, die Sonne aufgehen zu lassen.

228

In der Bretagne gibt es verschiedene Orte, die für sich in Anspruch nehmen, das Vorbild für das Dorf der unbeugsamen Gallier zu sein. In der Gegend um Erquy finden sich viele Elemente, die auch auf das Dorf der Gallier zutreffen: Ein Steinbruch ist in der Nähe, Felsformationen am Strand, und es lebten Römer in der Gegend. Albert Uderzo kannte die Gegend und hat sich von ihr inspirieren lassen.

111 Die Alektorophobie
Die Angst vor Hühnern

Wenn Sie an dieser spezifischen Phobie leiden, lesen Sie vermutlich nicht dieses Buch. Aber falls in Ihrem Umfeld Menschen sehr ablehnend auf Hühner reagieren, es vermeiden, Hühner anzusehen oder über sie zu sprechen, und regelrechte Panikattacken bekommen, könnte Alektorophobie ein Thema sein. Das Wort leitet sich vom griechischen *aléktōr* (Hahn) und *phobos* (Angst) ab. Anzeichen für diese Angststörung ist das Auftreten einer dauerhaften und unverhältnismäßig erscheinenden Furcht vor hühnerartigen Vögeln. Sie kann sich durch Schwitzen, Herzrasen, Atembeschwerden, Schwindel und Zittern äußern. Kinder können scheinbar unerklärliche Wutanfälle und Weinkrämpfe erleben. Bei Erwachsenen kann sie dazu führen, dass jede Begegnung mit Hühnern vermieden wird. Auslöser der Angst- und Panikattacken können auch Dinge oder Orte sein, die an Hühner erinnern.

Die Ursachen für spezifische Phobien liegen bei tierbezogenen Phobien häufig in negativen Erfahrungen. Nicht immer kann sich die betroffene Person noch daran erinnern, wenn sie vielleicht als kleines Kind eine erschreckende Erfahrung mit einem aggressiven Hahn gemacht oder sich vor Milben im Stall geekelt hat. Auch das Verhalten der Eltern oder anderer Bezugspersonen kann Kinder prägen.

Wie bei der Angst vor Spinnen (Arachnophobie), Mäusen (Murophobie) oder Schlangen (Ophidiophobie) schützt das Wissen um die Unbedenklichkeit der Tiere nicht vor der Reaktion. Angst ist ein sehr wichtiges Gefühl, das vor lebensbedrohlichen Situationen schützt. Im Fall der grundsätzlich eher nicht lebensbedrohlichen Hühner (Spinnen, Mäuse …) bestärkt die Vermeidung der Konfrontation allerdings die Ängste, weil die damit verbundenen Befürchtungen der Bedrohlichkeit nicht relativiert werden können. Der Weg aus der Vermeidungs-Angst-Spirale führt über eine Konfrontationstherapie, die von Psychotherapeuten begleitet wird.

Grünlegende Hühner sind in Mode, die schwanzlosen Araucanas jedoch nicht. So wurden in den USA die Ameraucanas als Kreuzungen mit unterschiedlichen Rassen kreiert, die je nach Abstammung verschiedenfarbige Eier legen. Eine Kreuzung mit Faverolles (Lachshühnern) ergab die Favaucana, die neben der aparten Eifarbe auch den Bart und die befiederten Beine der Lachshühner haben.

Literatur

Alpers, A. 2017. Öko-Masthähnchen, Öko-Mastputen: – Managementhandbuch für Niedersachsen. Kompetenzzentrum Ökolandbau Niedersachsen GmbH, Visselhövede.

Andress, L. 2020. Leistungsdaten der Bruderhahnaufzucht: Eine Datenerhebung der Bauckhof GmbH. Bruderhahn Initiative Deutschland e. V. (BID).

Anonymos. 1918. Have you a little chicken in France?: Paying for one is newest war relief. The Seattle Daily Times 1918: 8.

Baxter, M., N. Joseph, V.R. Osborne, and G.Y. Bédécarrats. 2014. Red light is necessary to activate the reproductive axis in chickens independently of the retina of the eye. Poultry science 93: 1289 – 1297. doi: 10.3382/ps.2013-03799

Best, J., S. Doherty, I. Armit, Z. Boev, L. Büster, B. Cunliffe, A. Foster, B. Frimet, et al. 2022. Redefining the timing and circumstances of the chicken's introduction to Europe and north-west Africa. Antiquity 96: 868 – 882. doi: 10.15184/aqy.2021.90

Birhanu, M.Y., R. Osei-Amponsah, F. Yeboah Obese, and T. Dessie. 2023. Smallholder poultry production in the context of increasing global food prices: roles in poverty reduction and food security. Animal frontiers: the review magazine of animal agriculture 13: 17 – 25. doi: 10.1093/af/vfac069

Brade, W., G. Flachowsky, and L. Schrader. 2008. Legehuhnzucht und Eiererzeugung: Empfehlungen für die Praxis 322; http://www.vti.bund.de/fallitdok_extern/dk040953.pdf.

Brown, A.F. 1988. Kunstbrut: Handbuch für Züchter. Alfeld-Hannover: Schaper.

Bundesanstalt für Landwirtschaft und Ernährung. 2022. Bericht zur Markt- und Versorgungslage mit Eiern 2022. Bundesanstalt für Landwirtschaft und Ernährung, Bonn.

Bundesanstalt für Landwirtschaft und Ernährung. 2023a. Ökolandbau.de – Das Informationsportal: Geflügelhaltung. Retrieved from https://www.oekolandbau.de/landwirtschaft/oekologische-tierhaltung/oekologische-gefluegelhaltung/.

Bundesanstalt für Landwirtschaft und Ernährung. 2023b. BMEL-Statistik: Geflügelhaltung. Retrieved 6 July, 2023, from https://www.bmel-statistik.de/landwirtschaft/tierhaltung/gefluegelhaltung.

Bundesanstalt für Landwirtschaft und Ernährung. 2023c. Legehennenhaltung – Was ändert sich durch die Umstellung? Retrieved 6 July, 2023, from https://www.oekolandbau.de/landwirtschaft/umstellung/ablauf-und-planung/oeko-was-ist-anders/legehennenhaltung-was-aendert-sich-durch-die-umstellung/.

Bundesinstitut für Risikobewertung. 2022. Therapiehäufigkeit und Antibiotikaverbrauchsmengen 2018 – 2021: Entwicklung in zur Fleischerzeugung gehaltenen Rindern, Schweinen, Hühnern und Puten: Bericht des BfR vom 20. Dezember 2022.

Bundesministerium für Ernährung, Landwirtschaft und Verbraucherschutz. 2008. Tiergenetische Ressourcen in Deutschland: Nationales Fachprogramm zur Erhaltung und nachhaltigen Nutzung tiergenetischer Ressourcen in Deutschland. Informations- und Koordinationszentrum für Biologische Vielfalt, Bonn.

Burnham, G.P. 1855. The History of the Hen Fever: A Humorous Record. New York: James French.

Coe, A. 2014. Today We're Eating the Winners of the 1948 Chicken of Tomorrow Contest. Retrieved 6 July, 2023, from https://modernfarmer.com/2014/05/today-eating-winners-1948-chicken-tomorrow-contest/.

Collectors Weekly. 2023. Fancy Fowl: How an Evil Sea Captain and a Beloved Queen Made the World Crave KFC: by Ben Marks. Retrieved 3 July, 2023, from https://www.collectorsweekly.com/articles/fancy-fowl/.

Corty, E., and E. Vogelaar. 2010. Concerning Poultry: The eyes. Retrieved 19 March, 2023, from http://www.aviculture-europe.nl/nummers/10E06A11.pdf.

Coulthard, S. 2022. Fowl Play: A History of the Chicken from Dinosaur to Dinner Plate. London: Head of Zeus.

Damerow, G. 2017. Storey's guide to raising chickens: Breed selection, facilities, feeding, health care, managing layers & meat birds. North Adams: Storey Publishing.

Desta, T.T. 2021. The genetic basis and robustness of naked neck mutation in chicken. Tropical animal health and production 53: 95. doi: 10.1007/s11250-020-02505-1

Deutsche Landwirtschaftsgesellschaft. 2020. Legehennenhaltung: DLG-Merkblatt 405. Deutsche Landwirtschaftsgesellschaft (DLG e. V.), DLG Merkblatt 405.

Deutsche Landwirtschaftsgesellschaft (DLG e. V.). 2021. Haltung von Masthühnern: DLG-Merkblatt 406, DLG Merkblatt 406.

Dharmayanthi, A.B., Y. Terai, S. Sulandari, M.S.A. Zein, T. Akiyama, and Y. Satta. 2017. The origin and evolution of fibromelanosis in domesticated chickens: Genomic comparison of Indonesian Cemani and Chinese Silkie breeds. PloS one 12: e0173147. doi: 10.1371/journal.pone.0173147

Dürigen, B. 1886. Die Geflügelzucht nach ihrem jetzigen rationellen Standpunkt. Berlin: Paul Parey.

Eierschachteln.de. 2023. Geflügelhaltung leicht gemacht – Der Blog von www.eierschachteln.de. Retrieved from https://www.eierschachteln.de/blog/.

Eriksson, J., G. Larson, U. Gunnarsson, B. Bed'hom, M. Tixier-Boichard, L. Strömstedt, D. Wright, A. Jungerius, et al. 2008. Identification of the yellow skin gene reveals a hybrid origin of the domestic chicken. PLoS genetics 4: e1000010. doi: 10.1371/journal.pgen.1000010

European Comission. 2023. Poultry Meat Dashboard. Retrieved 7 July, 2023, from https://agriculture.ec.europa.eu/system/files/2023-07/poultry-meat-dashboard_en.pdf.

Evans, C.S., and L. Evans. 2007. Representational signalling in birds. Biology letters 3: 8–11 . doi: 10.1098/rsbl.2006.0561

FAO. 2015. The second report on the state of the world's animal genetic resources for food and agriculture. Rom: Commission on Genetic Resources for Food and Agriculture FAO, XL, 562 s.

Farmermobil. 2022. Vermarktungsnormen für Eier. farmermobil GmbH.

Farmers Weekly. 2015. How Poultry World contributed to the Great War effort – Farmers Weekly. Retrieved 6 July, 2023, from https://www.fwi.co.uk/livestock/poultry/poultry-world-contributed-great-war-effort.

Food and Agriculture Organization of the United Nations. 2009. Mapping traditional poultry hatcheries in Egypt. Prepared by M. Ali Abd-Elhakim, Olaf Thieme, Karin Schwabenbauer, Zahra S. Ahmed: AHBL – Promoting strategies for prevention and control of HPAI. Food and Agriculture Organization of the United Nations (FAO), Rom.

Food and Agriculture Organization of the United Nations. 2022. World Food and Agriculture – Statistical Yearbook 2022. Rome: Food and Agriculture Organization of the United Nations.

Food and Agriculture Organization of the United Nations. 2023. Gateway to poultry production and products (en). Retrieved 22 March, 2023, from https://www.fao.org/poultry-production-products/production/en/.

Foodwatch Deutschland. 2022. Statement zu einem Jahr Kükentöten-Verbot: »Herumdoktern an Symptomen eines kranken Systems«: Pressemitteilung. Retrieved 7 July, 2023, from https://www.foodwatch.org/de/foodwatch-statement-zu-zu-einem-jahr-kuekentoeten-verbot-herumdoktern-an-symptomen-eines-kranken-systems.

Frost, B.J. 2009. Bird head stabilization. Current biology: CB 19: R315-6. doi: 10.1016/j.cub.2009.02.002

Göbel, A. 2018. Folgen des Welthandels – Ghana und das globale Huhn. Retrieved 6 July, 2023, from https://www.deutschlandfunk.de/folgen-des-welthandels-ghana-und-das-globale-huhn-100.html.

Graham, C. 2006. Choosing and keeping chickens. Neptune City, NJ: T.F.H. Publications.

Haunshi, S., and L.L.L. Prince. 2021. Kadaknath: a popular native chicken breed of India with unique black colour characteristics. World's Poultry Science Journal 77: 427–440. doi: 10.1080/00439339.2021.1897918

Hedon Town Council. 2023. Egg Collection Scheme. Retrieved 6 July, 2023, from http://www.hedon.gov.uk/Egg_Collection_Scheme_25782.aspx.

Islam, M.A., and M. Nishibori. 2009. Indigenous naked neck chicken: a valuable genetic resource for Bangladesh. World's Poultry Science Journal 65: 125–138. doi: 10.1017/S0043933909000105

Johannessen, C.L. 1982. Melanotic chicken use and Chinese traits in Guatemala: Homologous homeopathic medicinal treatments and other traits are similar among K'ekchí Indians and southern Chinese. Revista de Historia de América 93: 73–89.

Jones, R.B., and T.J. Roper. 1997. Olfaction in the domestic fowl: a critical review. Physiology & behavior 62: 1009–1018. doi: 10.1016/S0031-9384(97)00207-2

Kazek, K. 2018. The battle for the World's Oldest Chicken, and where Alabama stands.

Komiyama, T., K. Ikeo, and T. Gojobori. 2004. The evolutionary origin of long-crowing chicken: its evolutionary relationship with fighting cocks disclosed by the mtDNA sequence analysis. Gene 333: 91–99. doi: 10.1016/j.gene.2004.02.035

Kram, Y.A., S. Mantey, and J.C. Corbo. 2010. Avian Cone Photoreceptors Tile the Retina as Five Independent, Self-Organizing Mosaics. PloS one 5: e8992. doi: 10.1371/journal.pone.0008992

Lawal, R.A., S.H. Martin, K. Vanmechelen, A. Vereijken, P. Silva, R.M. Al-Atiyat, R.S. Aljumaah, J.M. Mwacharo, et al. 2020. The wild species genome ancestry of domestic chickens. BMC biology 18: 13. doi: 10.1186/s12915-020-0738-1

Lawler, A. 2014. Why did the chicken cross the world?: The epic saga of the bird that powers civilization. New York: Atria Books, 1 online resource.

Lembke, J. 2013. Chickens: Their natural and unnatural histories. New York, London: Skyhorse; Constable & Robinson [distributor], pages cm.

Loog, L., M.G. Thomas, R. Barnett, R. Allen, N. Sykes, P.D. Paxinos, O. Lebrasseur, K. Dobney, et al. 2017. Inferring Allele Frequency Trajectories from Ancient DNA Indicates That Selection on a Chicken Gene Coincided with Changes in Medieval Husbandry Practices. Molecular biology and evolution 34: 1981–1990. doi: 10.1093/molbev/msx142

Maltby, M., M. Allen, J. Best, B.T. Fothergill, and B. Demarchi. 2018. Counting Roman chickens: Multidisciplinary approaches to human-chicken interactions in Roman Britain. Journal of Archaeological Science: Reports 19: 1003–1015. doi: 10.1016/j.jasrep.2017.09.013

Marfeld, M. 2023. Lachshuhnzucht Herne – Blog. Retrieved from https://www.lachshuhnzucht-herne.com/blog/.

Marino, L. 2017. Thinking chickens: a review of cognition, emotion, and behavior in the domestic chicken. Animal cognition 20: 127–147. doi: 10.1007/s10071-016-1064-4

Martin, G., H.H. Sambraus, and A. Steiger, eds. 2005. Das Wohlergehen von Legehennen in Europa: Berichte, Analysen und Schlussfolgerungen. Witzenhausen: BAT e. V. Beratung Artgerechte Tierhaltung.

Mascetti, G.G., and G. Vallortigara. 2001. Why do birds sleep with one eye open? Light exposure of the chick embryo as a determinant of monocular sleep. Current biology : CB 11: 971–974. doi: 10.1016/s0960-9822(01)00265-2

Moisse, J. 2023. Le coq, emblème de la Wallonie | Connaître la Wallonie. Retrieved 3 July, 2023, from https://connaitrelawallonie.wallonie.be/fr/le-coq-embleme-de-la-wallonie.

Moore, J. 2014. The strange story of chicken sleep – Country Smallholding. Retrieved 4 December, 2022, from https://thecountrysmallholder.com/poultry/the-strange-story-of-chicken-sleep-8255078/.

Murillo, A.C., A. Abdoli, R.A. Blatchford, E.J. Keogh, and A.C. Gerry. 2020. Parasitic mites alter chicken behaviour and negatively impact animal welfare. Scientific reports 10: 8236. doi: 10.1038/s41598-020-65021-0

Nick. 2022. Egg Color Genetics. chickenfans.

Oettel, R. 1879. Der Hühner- oder Geflügelhof: sowohl zum Nutzen als zur Zierde: enthaltend eine praktische Anleitung, die Zucht der Hühner, Gänse, Enten, Truthühner, Tauben, u.s.w. zu betreiben. Weimar: B.F. Voigt.

Oguike, M.A., G. Igboeli, S.N. Ibe, and M.O. Ironkwe. 2005. Physiological and endocrinological mechanisms associated with ovulatory cycle and induced-moulting in the domestic chicken – a Review. World's Poultry Science Journal 61: 625–632. doi: 10.1079/WPS200574

Oliver, C. 2021. Hen fever, British breeding, and royal rescues: How chickens became »royal« birds. Retrieved 7 July, 2023, from https://catherinecmoliver.com/2021/08/06/hen-fever-british-breeding-and-royal-rescues-how-chickens-became-royal-birds/.

Olsson, I.A.S., and L.J. Keeling. 2005. Why in earth? Dustbathing behaviour in jungle and domestic fowl reviewed from a Tinbergian and animal welfare perspective. Applied Animal Behaviour Science 93: 259–282. doi: 10.1016/j.applanim.2004.11.018

Parry, W. 2011. Hens Eject Sperm from Unwelcome Suitors. Live Science.

Peters, J., O. Lebrasseur, E.K. Irving-Pease, P.D. Paxinos, J. Best, R. Smallman, C. Callou, A. Gardeisen, et al. 2022. The biocultural origins and dispersal of domestic chickens. Proceedings of the National Academy of Sciences of the United States of America 119: e2121978119. doi: 10.1073/pnas.2121978119

Potts, A. 2012. Chicken. London: Reaktion Books.

Prescott, N.B., and C.M. Wathes. 1999. Spectral sensitivity of the domestic fowl (Gallus g. domesticus). British poultry science 40: 332–339. doi: 10.1080/00071669987412

PROVIEH. 2023. Gesetzliche Vorgaben für die Hühnerhaltung im eigenen Garten. Retrieved from https://www.provieh.de/2023/06/gesetzliche-vorgaben-fuer-die-huehnerhaltung-im-eigenen-garten/.

Rana, M.S., and D.L.M. Campbell. 2021. Application of Ultraviolet Light for Poultry Production: A Review of Impacts on Behavior, Physiology, and Production. Frontiers in Animal Science 2. doi: 10.3389/fanim.2021.699262

Randy's Chicken Blog. 2023. Crested Chickens, Vaulted Skulls, and Damaged Brains – Part 2: Crests, Vaults and Their Genetic Connection. Retrieved 6 July, 2023, from https://randyschickenblog.squarespace.com/home/2023/2/26/crested-chickens-vaulted-skulls-and-damaged-brains-part-2.

Rattenborg, N.C., J. van der Meij, G.J.L. Beckers, and J.A. Lesku. 2019. Local Aspects of Avian Non-REM and REM Sleep. Frontiers in neuroscience 13: 567. doi: 10.3389/fnins.2019.00567

Rennard, B.O., R.F. Ertl, G.L. Gossman, R.A. Robbins, and S.I. Rennard. 2000. Chicken soup inhibits neutrophil chemotaxis in vitro. Chest 118: 1150–1157. doi: 10.1378/chest.118.4.1150

Rettet das Huhn e. V. 2023. Herzlich Willkommen. Retrieved 6 July, 2023, from https://www.rettet-das-huhn.de/.

Ritter, F. 2023. Netzwerk Vogelgrippe. Retrieved 7 July, 2023, from https://padlet.com/Frank_Ritter/netzwerk-vogelgrippe-pqxibhcxeynfy3n9.

Rubin, C.-J., M.C. Zody, J. Eriksson, J.R.S. Meadows, E. Sherwood, M.T. Webster, L. Jiang, M. Ingman, et al. 2010. Whole-genome resequencing reveals loci under selection during chicken domestication. Nature 464: 587–591. doi: 10.1038/nature08832

Samiullah, S., and J.R. Roberts. 2014. The eggshell cuticle of the laying hen. World's Poultry Science Journal 70: 693–708. doi: 10.1017/S0043933914000786

Scheftelowitz, I. 1914. Das stellvertretende Huhnopfer: Mit besonderer Berücksichtigung des jüdischen Volksglaubens. Berlin, Boston: De Gruyter; Alfred Töpelmann.

Schwertl-Banzhaf, K. 2010. Futtermittelkunde. Retrieved 7 July, 2023, from https://www.lgl.bayern.de/tiergesundheit/futtermittel/futtermittelkunde/index.htm.

Scuda, N., D. Grandel, R. Meyer, and M. Zechmann. 2021. Informationen zur Hobby-Hühnerhaltung. Erlangen: Bayerisches Landesamt für Gesundheit und Lebensmittelsicherheit (LGL).

Seemann, G. 2005. Erzeugung und Bedeutung von SPF-Bruteiern. Lohmann Information 2005: 1–7.

Sehrawat, R., R. Sharma, S. Ahlawat, V. Sharma, M.S. Thakur, M. Kaur, and M.S. Tantia. 2021. First Report on Better Functional Property of Black Chicken Meat from India. Indian Journal of Animal Research. doi: 10.18805/ijar.B-4014

Seifert, M., T. Baden, and D. Osorio. 2020. The retinal basis of vision in chicken. Seminars in cell & developmental biology 106: 106–115. doi: 10.1016/j.semcdb.2020.03.011

Shrader, H.L. 1952. The Chicken-of-Tomorrow Program; Its Influence on »Meat-Type« Poultry Production. Poultry science 31: 3–10. doi: 10.3382/ps.0310003

Smith, C.L., and J. Johnson. 2012. The Chicken Challenge – What Contemporary Studies Of Fowl Mean For Science And Ethics. Between the Species: An Online Journal for the Study of Philosophy and Animals 15. doi: 10.15368/bts.2012v15n1.4

Somes, R.G., and M.S. Pabilonia. 1981. Ear tuftedness: a lethal condition in the Araucana fowl. Journal of Heredity 72: 121–124. doi: 10.1093/oxfordjournals.jhered.a109439

Spektrum.de. 2008. Domestikation: Haushühner hatten mehrere Vorfahren. Retrieved 3 July, 2023, from https://www.spektrum.de/news/haushuehner-hatten-mehrere-vorfahren/945197.

Stansbury, A. 2019. Bawk To The Future: How Backyard Chicken Keeping Began As A War Effort – The Austin Common. Retrieved 6 July, 2023, from https://theaustincommon.com/bawk-to-the-future-how-backyard-chicken-keeping-began-as-a-war-effort/.

Storey, A.A., D. Quiroz, N. Beavan, and E. Matisoo-Smith. 2013. Polynesian chickens in the New World: a detailed application of a commensal approach. Archaeology in Oceania 48: 101–119. doi: 10.1002/arco.5007

Sturm, P., T. Berthold, and A. Zehm. 2016. Hühner: Aktionen mit Hühnern. Zusätzliches Kapitel zum Aktionshandbuch Tiere live. Bayerische Akademie für Naturschutz, and Akademie für Lehrerfortbildung und Personalführung, Tiere live.

Sykes, N. 2012. A social perspective on the introduction of exotic animals: the case of the chicken. World Archaeology 44: 158–169. doi: 10.1080/00438243.2012.646104

Thobe, P., C. Chibanda, and L. Behrendt. 2021. Steckbriefe zur Tierhaltung in Deutschland: Mastgeflügel, Braunschweig.

Tiemann, I., S. Hillemacher, and M. Wittmann. 2020. Are Dual-Purpose Chickens Twice as Good? Measuring Performance and Animal Welfare throughout the Fattening Period. Animals: an open access journal from MDPI 10. doi: 10.3390/ani10111980

transGEN. 2023. Geschlechtsbestimmung im Ei: Leuchtende Biomarker statt Kükentöten – Gentechnik bei Tieren – transgen.de. Retrieved 23 January, 2023, from https://www.transgen.de/tiere/2694.kuekentoeten-alternative-genome-editing.html.

Troisi, J.D., and S. Gabriel. 2011. Chicken soup really is good for the soul: »comfort food« fulfills the need to belong. Psychological science 22: 747–753. doi: 10.1177/0956797611407931

Uderzo, A., and R. Goscinny. 2006. Asterix plaudert aus der Schule. Berlin, Köln: Egmont.

ValoBioMedia GmbH. 2023. SPF Eggs (de). Retrieved 6 July, 2023, from https://www.valobiomedia.com/38.spf-eggs.html.

Voss, J. 2021. Spinnen, Schlangen, Höhenangst: Wie wir unsere Phobien überwinden. National Geographic.

Wang, M.-S., M. Thakur, M.-S. Peng, Y. Jiang, L.A.F. Frantz, M. Li, J.-J. Zhang, S. Wang, et al. 2020. 863 genomes reveal the origin and domestication of chicken. Cell research 30: 693–701. doi: 10.1038/s41422-020-0349-y

Wellman-Labadie, O., J. Picman, and M.T. Hincke. 2008. Antimicrobial activity of cuticle and outer eggshell protein extracts from three species of domestic birds. British poultry science 49: 133–143. doi: 10.1080/00071660802001722

Wragg, D., J.M. Mwacharo, J.A. Alcalde, C. Wang, J.-L. Han, J. Gongora, D. Gourichon, M. Tixier-Boichard, et al. 2013. Endogenous retrovirus EAV-HP linked to blue egg phenotype in Mapuche fowl. PloS one 8: e71393. doi: 10.1371/journal.pone.0071393

Xu, X., Z. Zhou, R. Dudley, S. Mackem, C.-M. Chuong, G.M. Erickson, and D.J. Varricchio. 2014. An integrative approach to understanding bird origins. Science (New York, N.Y.) 346: 1253293. doi: 10.1126/science.1253293

Bildnachweis

Kapitel 1: Jesse Dylla © Canadian Museum of Nature; Kapitel 2: sittitap / Shutterstock.com; Kapitel 3: Adobe Stock/asean studio; Kapitel 4, 6, 7, 11, 17, 18, 19, 20, 30, 31, 35, 36, 37, 38, 40, 41, 46, 48, 53, 57, 59, 60, 61, 62, 64, 65, 66, 67, 74, 75, 76, 77, 78, 79, 80, 85, 86, 88, 91, 96, 98, 101, 102, 103, 109: Susanne Hoischen-Taubner; Kapitel 5: Lenny Hogerwerf; James Rennie; Kapitel 8: iStock.com/TTshutter; Kapitel 9: Adobe Stock/Marc; Kapitel 10: Timo Bünermann; Adobe Stock/Anibal Trejo; Kapitel 12: Adobe Stock/Juanma; Kapitel 13: shutterstock.com/Veroja; Kapitel 14: shutterstock.com/Ronald Wittek; Kapitel 15: Blog AG, Gymnasium am Kattenberge; Kapitel 16: Adobe Stock/Jorge Alves; Kapitel 21: shutterstock.com/Zuzule; Kapitel 22, 94: Adobe Stock/A; Kapitel 23: Adobe Stock/Lumos Ajans; Kapitel 24: Adobe Stock/Uwe; Kapitel 25: Adobe Stock/Dewald; Kapitel 26: Adobe Stock/focus finder; Kapitel 27: Adobe Stock/mrriley; Kapitel 28: Adobe Stock/Alekss; Kapitel 29: Bauckhof; Kapitel 32: Adobe Stock/Digitalpress; Kapitel 33: Adobe Stock/poco_bw; Kapitel 34: iStock.com/Kamadie; Kapitel 39: iStock.com/RE Fisher Jr; Kapitel 42: iStock.com/Wirestock; Kapitel 43, 44, 63: Adobe Stock/Martina Berg; Kapitel 45: Unsplash.com/Tīna Sāra; Kapitel 47, 68, 81: Adobe Stock/DoraZett; Kapitel 49: iStock.com/stockstudioX; Kapitel 50: iStock.com/tasha_lyubina; Kapitel 51: iStock.com/bhofack2; Kapitel 52: pixabay.de/Alison Weston; Kapitel 54: Adobe Stock/HollyHarry; Kapitel 55: shutterstock.com/Giorgio Rossi; Kapitel 56: Adobe Stock/motojeff; Kapitel 58: Adobe Stock/schankz; Kapitel 69: iStock.com/Ornitolog82; Kapitel 70: Adobe Stock/donikz; Kapitel 71: Adobe Stock/mph; Kapitel 72: Adobe Stock/Azat; Kapitel 73: Adobe Stock/wtondossantos; Kapitel 82: Unsplash.com/Johanne Pold Jacobsen; Kapitel 83: iStock.com/Mishella; Kapitel 84: Adobe Stock/ImageSine; Kapitel 87: Adobe Stock/bios48; Kapitel 89: iStock.com/Linas Toleikis; Kapitel 90: Unsplash.com/Hans Isaacson; Kapitel 92, 93, 111: Adobe Stock/AGrandemange; Kapitel 94: Adobe Stock/silukstockimages; Kapitel 95: iStock.com/Ralf Menache; Kapitel 97: iStock.com/Krugloff; Kapitel 99: Adobe Stock/Q2Studios; Kapitel 100: Adobe Stock/Dale; Kapitel 104: Adobe Stock/valerie; Kapitel 105: Adobe Stock/Countrypixel; Kapitel 106: iStock.com/bgwalker; Kapitel 107: Adobe Stock/Heiko Koehrer-Wagner; Kapitel 108: Franck Renoir; Kapitel 110: Adobe Stock/Danita Delimont

Danksagung

Es gibt einige Menschen, ohne deren Zutun ich nicht die Gelegenheit gehabt hätte, dieses Buch zu schreiben. Da ist zuerst mein lieber Mann, Christian Taubner, der mich und andere überzeugt hat, dass dieses Buch es wert sei, geschrieben zu werden. Herzlichen Dank dafür. In der Folge musste er an so manchem Abend auf meine Gesellschaft verzichten und sogar im Urlaub auf Kreta Hühner (für Fotos) suchen. Ebenso herzlich bedanke ich mich bei Sonja Erdmann und dem Emons Verlag für das Zutrauen und die gute Zusammenarbeit. Ines Schmidtke danke ich für die sorgsame Durchsicht der Bilder und Andreas Zinßer für das gute Lektorat der Texte und die konstruktiven Verbesserungsvorschläge. Für die sehr hilfreichen Anmerkungen zu Formulierungen und fachlichen Fragen bedanke ich mich ganz herzlich bei Jürgen Klingbeil und Leonie Blume. Auf der Suche nach passenden Bildern habe ich mich über Unterstützung und tolle Fotos von Timo Bünermann, Lenny Hogerwerf, dem Bauckhof, der Blog AG vom Gymnasium am Kattenberge, Franck Renoir und Christina Kum gefreut. Christina hat sehr kurzfristig noch für ein frisches Foto aus dem Canadian Museum of Nature in Ottawa gesorgt.

Man kann vieles über Hühner lesen, aber die praktische Erfahrung kann das nicht ersetzen und so geht ein großer Dank an meine Züchterkollegen im Rassegeflügelzuchtverein Delbrück 1908 e.V., von denen ich viel über die Rassegeflügelzucht lernen durfte und weiter lerne. Einige ihrer Hühner finden sich ebenso wie die Hühner von Freunden auf Fotos dieses Buches. Danke für die Gelegenheit, eure schönen Tiere zu fotografieren.

 **Susanne Hoischen-Taubner,** Jahrgang 1969, hat Landbau und Pferdewissenschaften studiert und am Fachbereich Ökologische Agrarwissenschaften der Universität Kassel promoviert. Mit Familie, Katzen, Pferden und etlichen Hühnern lebt sie auf dem Land in Ostwestfalen.